U0266734

自然灾害损失、恢复力、风险评估理论与实践丛书

主编 李宁

副主编 李春华

# 基于 Copula 理论的多维致灾因子风险评估技术研究

刘雪琴 李宁 李春华 冯介玲 陈曦 袁帅 著

本书研究获

· 国家重大科学研究计划 ·
"全球变化人口与经济系统风险评估模型与模式研究"
（2016YFA0602403）

· 国家重大科学研究计划（973）·
"全球变化与环境风险演变过程与综合评估模型"
（2012CB955402）

· 国家自然科学基金项目 ·
"基于多维联合分布理论的尘暴风险评估 Copula 模型研究"
（41171401）

· 北京市自然科学基金项目 ·
"北京市特大地震灾害管理中损失及其空间波及效应评估的研究"
（9172010）

· 中央高校基本科研业务专项资金项目 ·
"中国社会脆弱性与生态脆弱性评估"
(310421101)

支持

科学出版社

北京

## 内 容 简 介

本书以多维致灾因子风险评估技术为主题，重点阐述了自然灾害风险评估中多维风险评估方法的研究进展和 Copula 理论在多致灾因子风险评估中的应用。主要内容分为两大部分，“第 1 部分：基本理论和方法”系统介绍了自然灾害风险评估的发展历程，Copula 联结函数的构建方法、参数估计和检验方法等；“第 2 部分：实例研究”针对多个灾害案例，建立了基于成灾机理的主要致灾要素序列，构建相应的多维联合概率模型，进行了多维联合分布理论和方法在不同灾种风险评估中的应用研究。

本书适用于灾害风险管理、灾害经济、水利工程、海洋工程等相关专业的科研人员和工程技术人员使用，也可作为高等院校和科研院所相关领域广大师生的教学参考用书。

**图书在版编目(CIP)数据**

基于 Copula 理论的多维致灾因子风险评估技术研究 / 刘雪琴等著. —北京：科学出版社，2017. 9

（自然灾害损失、恢复力、风险评估理论与实践丛书）

ISBN 978-7-03-054344-8

Ⅰ. ①基…　Ⅱ. ①刘…　Ⅲ. ①时间序列分析-应用-气象灾害-风险评价　Ⅳ. ①F830. 9 ②P429

中国版本图书馆 CIP 数据核字（2017）第 215811 号

责任编辑：林　剑 / 责任校对：彭　涛

责任印制：张　伟 / 封面设计：盛世图阅

科学出版社出版

北京东黄城根北街 16 号

邮政编码：100717

http://www.sciencep.com

北京虎彩文化传播有限公司 印刷

科学出版社发行　各地新华书店经销

*

2017 年 9 月第　一　版　开本：787×1092　1/16

2023 年 1 月第五次印刷　印张：10

字数：240 000

**定价：98.00 元**

（如有印装质量问题，我社负责调换）

# 前言

近年来，我国自然灾害发生频率、相应损失均明显增加，成为制约区域经济可持续发展的一个重要因素。作为随机事件，自然灾害的发生机理非常复杂，主要的致灾因子往往不止一个，并且具有多方面的特征属性。在自然灾害防范中，多个致灾因子联合、叠加出现的概率，是各类工程在风险防范中正确选定设防标准的关键问题。

如何准确、客观、高效地评估多致灾因子协同作用下的自然灾害发生概率和风险大小，是减缓或扭转灾害风险持续增长趋势的前提基础。目前的单变量分析方法无法全面客观地反映灾害的真实特征，常用的多维联合分布的研究方法又受诸多不足的限制，尚不能很好解决这一问题。

本书结合国家重大科学计划、自然科学基金、海洋公益性行业科研专项等项目，系统地介绍基于致灾因子的风险评估研究进展、多变量联合概率方法研究现状和金融保险领域常用的Copula联合分布理论方法，探讨自然灾害风险评估中多维计量方法的改进和Copula联合分布理论方法在多维致灾因子风险评估中的应用。本书的主要研究成果如下：

（1）综述了自然灾害风险评估研究进展、单变量致灾因子分析方法、多维致灾因子联合概率分析方法研究的进展。概述了多维风险评估方法的发展历程和Copula联合函数理论在自然灾害风险评估中的应用。

（2）系统介绍了Copula联结函数的构建方法、参数估计和检验方法；阐述了Copula函数方法在多维致灾因子风险评估中的优势和局限性。

（3）进行了Copula联结函数在自然灾害风险分析中的多维构建。

（4）进行了多要素变量的观测及协同致灾机理分析；建立了不同灾种基于成灾机理的主要致灾要素序列。

（5）构建了不同灾种下小样本离散型分布和多要素连续型联合分布特征的多维联合概率分布模型。基于灾害出现频次和强度的分布特征，首先构建致灾要素的边缘分布，然后结合多维致灾要素的联合概率分布特征和灾害要素间非线性非对称性的相关结构研究，通过敏感性分析，综合灾害事件发生频次，建立能够描述灾害变量间不同相关结构的多维复合联合分布模型。

（6）基于多个实际灾害案例，进行了多维联合分布理论和方法在自然灾害风险评估中的应用研究。

本书的创新性表现在以下几个方面：

（1）基于自然灾害发生机理，将金融领域应用成熟的联合函数理论和方法引入自然灾害风险评估中。

（2）通过致灾因子影响机理和 Copula 函数模型联合分布相结合的研究，有效减少了灾害风险评估中的假设和主观性，提高定量化程度，使风险评估结果更加精确。

（3）拓展了 Copula 联结函数理论和方法在多维自然灾害风险分析中的应用。

在本书撰写过程中，作者力求科学、系统地阐述基于 Copula 理论的多致灾因子风险评估技术，但受作者的时间、能力等诸多因素的限制，本书难免存在缺失，乃至错误之处，敬请广大读者不吝批评和指正。

作　者

2017 年 4 月 30 日

# 目录

## 第1部分　基本理论和方法



## 第2部分　实 例 研 究

# 第 1 部分

# 基本理论和方法

# 1 绪 论

## 1.1 研究背景与意义

### 1.1.1 研究背景

随着人与自然之间的关系越来越密切，人类改造自然的强度越来越大。联合国政府间气候变化专门委员会（IPCC）第四次评估报告（AR4）——综合报告指出，全球气候系统的变暖已经是不争的事实，来自所有的大陆和多数的海洋观测证据表明，许多自然系统正在或已经受到区域气候变化的影响。根据联合国国际减灾战略（UNISDR）的统计，在此背景下，气象水文灾害、地质灾害等几乎所有类型的自然灾害的发生频次都出现增多趋势。据联合国统计，在20世纪70年代，每年平均发生自然灾害78次，但是在21世纪前8年，每年平均发生的自然灾害次数增加到了351次，其中以气象水文灾害发生的频次增加更快。同时自然灾害也呈现出极端灾害事件频率增高，同一时期多灾并发等许多新的特点。自然灾害的致灾因子和发生规律也更加复杂化和多样化。

随着自然环境演变和社会经济的快速发展，生态环境和社会经济面临自然灾害的脆弱性日益增大，自然灾害造成的损失也越来越大。灾害及其内部各因子之间总是存在着千丝万缕的联系，小灾如果不加以重视，很容易发展变化成大灾。面对超出当前应对能力的大规模灾难持续不断的增加，目前最重要的挑战之一就是寻找一种能够准确描述多项致灾因子共同影响下的灾害发生发展特征，并准确评估重大自然灾害风险的方法，以便及早采取预防措施，减轻自然灾害带来的损失，为改变自然灾害风险持续增长的趋势提供可能性。自然灾害因为其对人类的危害性，成灾机理和灾害过程的复杂性，成为世界性的研究难题和关注热点。

### 1.1.2 研究意义

随着全球气候变化和社会经济的快速发展，人口和财产高度密集分布，新的安全隐患和风险在加速扩张。近年来极端天气气候事件发生频率明显增加，由此导致的超出当前应对能力的重大自然灾害也在持续不断地增加（罗亚丽，2012）。2007年联合国政府间气候变化专门委员会发布的第四次评估报告《气候变化2007》（AR4）显示，过去50年中，极端天气气候事件（如强降水、高温热浪等）呈现不断增多增强的趋势，预计今后将更加频繁。2011年年底发布的《管理极端气候事件和灾害风险，推进气候变化适应特别报告》（SREX）的决策者摘要指出，由极端气候事件导致的经济损失总体将呈逐渐增加趋势，未来极端事件将对与气候有密切相关的行业，如水利、农业、林业和旅游业等有更大的影响。发达国家因灾害造成的经济损失总量大，而发展中国家与灾害有关的经济损失占国内生产总值的比重高。据统计，目前由于各类自然灾害导致的经济损失占年平均GDP的3%～5%，而因极端天气气候事件导致的灾害损失约占其中的65%（史培军等，2009）。有关研究表明，随着经济的发展，重大灾害事件造成的损失将会呈指数上升趋势，并将成为制约社会经济可持续发展的一个重要因素。因此，当前的挑战之一就是扭转或减缓重大灾害风险持续增长的趋势。而如何明确重大灾害事件多维致灾因子综合作用的致灾机理，准确描述多因子间不同相关结构下的概率特征，从而更加准确地评估重大灾害事件的发生概率和风险大小，是解决这一重要挑战的前提基础。

极端天气气候事件是指天气（气候）的状态严重偏离其平均态，可能导致某种灾害事件的发生，如暴雨、洪水、干旱等。从单个观测点来看，极端气候事件可用该站某种气象要素或变量（如气温、降水量等）的异常记录或超过特定界限值的天数等指数来表述（任国玉，2010）。风险研究的基本理论表明，极端天气气候事件并不必然导致灾害，极端天气要素（致灾因子）与承灾体的脆弱性和暴露程度叠加决定着灾害风险的大小（IPCC第五次评估报告）。重大自然灾害是指以自然要素异常为诱因造成的人员伤亡多、财产损失大、影响范围广的灾害。定量的衡量为死亡人口在1000～9999人、成灾面积在10 000～99 999$km^2$、直接经济损失在100亿～999亿元三项指标满足其中任意两项就可以定义为重大自然灾害。其中，极端天气气候要素为重大自然灾害发生的主要诱因（史培军，2011）。近年来，极端天气气候事件诱发的重大自然灾害逐渐呈现出不均匀性、多样性、差异性、随机性、突发性、动态性及无序性等复杂的特点，使“简单”的理论和手段已不适应日趋复杂化的灾害风险研究（任振球，2003；吴绍宏等，2011）。多致灾因子的危险性评估是灾害风险评估中非常关键的一步，它的准确性较大地影响着灾害风险评估的精度。当前，在提高多致灾因子危险性分析和灾害风险评估精度上，仍存在一些问题亟待考虑和解决。

**1）灾害中多变量综合作用的问题**

作为随机事件，自然灾害的发生机理非常复杂，主要的致灾因子往往不止一个，并且具有多方面的特征属性。为了全面了解其统计规律，需要从多个角度对其进行定义和描述。但是由于全面分析灾害事件需要大量的数据资料和复杂的数学计算，在实践中很难实行，往往只能挑选某个最重要的特征属性进行分析。例如，在干旱等灾害的频率分析中，干旱的特征属性变量往往包括干旱历时、发生次数、干旱烈度、干旱强度等，但在实际应用中，常见的却是对各个特征要素单独进行发生频率分析，很少甚至没有考虑这些特征变量之间的内部联系。

多维联合分布的研究将成为自然灾害风险分析的必然选择。风险是指损失的不确定性（Rosenbloom，1972），这个不确定性的研究与灾害事件的概率分布形态有密切关系。引发灾害事件的多个随机变量之间往往存在各种相依关系，事件属性越多就越复杂，需要从多方面进行描述及分析。以前的风险评估多考虑单一风险源，即使后来增加到多个风险源，也是在对多个要素进行加权综合的基础上，计算成一个指标进行评估。其中需要专家根据经验判断各项因素的影响大小来打分，这样就难免会随带一些主观因素，并且经过中间对数据的多次处理和变换，难免会使数据信息偏离真实情况。如何寻找多个变量之间的相互联系及对灾害的作用机制，如何从变量本身真实分布形态出发，更加精确地描述其边缘分布及它们之间的联合分布，如何拓展重大自然灾害的外延预测能力，直接影响着灾害风险评估的精确度和深度。

**2）灾害多要素间的非线性非对称相关结构**

自20世纪90年代中期以来，多位学者曾指出自然灾害，尤其是重大自然灾害，都具有一些鲜明的共同特点，其中一个便是两个或两个以上的作用源和其间的非线性关系（王顺义和罗祖德，1992；魏一鸣，1998；任振球，2003；刘文方等，2006；Grzegorz，2008；Liu et al.，2011）。自然灾害的极端复杂及多要素的随机性、突变性，必然表现为典型而复杂的非线性问题，为数学处理带来巨大困难。灾害的发生是由多个要素共同作用的，这多个要素之间的相关关系并不是一成不变的。当某个变量趋向于极端值并导致灾害发生的过程中，各要素之间的共同作用会增强，它们之间的相关性也会增强，这种相关性通常是非线性、非对称的，这就导致了相关结构描述的复杂性（崔妍等，2010）。Boyer 等（2000）认为，在建立风险管理模型时，仅仅考虑变量间的相关度（degree of dependence）是不够的，还必须考虑变量间的相关结构（dependence structure）。长期以来人们普遍注重自然灾害要素间的线性、连续、均匀、平均与距平、平滑、数量分析等科学问题，对非线性、不连续、非均匀、奇异、相关结构等信息的提取和分析注意不够。近来非线性理论研究有了重要进展，但有的研究仍主要停留在数学处理上，至于特大自然灾害的非线性科学问题尚待开展。为了使多维联合概率更加准确，变量间的非线性及非对称相关结构研究是不可回避的问题。

**3）目前多维联合分布研究方法存在诸多不足**

目前常用的多维联合分布方法主要有多元线性回归法、正态变换的 Moran 法、将多维转化成一维的费永法（FEI）法、经验频率法和非参数法。对非正态分布的变量，Moran 法运用起来比较复杂，需要对数据进行转换处理，且在数据转换过程中难免会造成一些信息失真；FEI 法要求联合分布模型中各变量的边缘分布属于同一种类型；经验频率法仅能根据实测资料进行统计，不具备外延预测能力；非参数法构造的联合分布能够很好地拟合实测数据，但预测能力相对不足，且构造的联合分布的边缘分布类型未知。Copula 函数模型在金融学中的应用已有十几年，其能够灵活方便地构造多维联合分布，使得 Copula 函数模型在其他领域中具有非常大的应用潜力，必将成为未来多变量研究的选择。

**4）Copula 函数模型的优势与自然灾害风险研究的需求吻合**

Copula 函数模型在金融、保险等领域的相关分析、投资组合分析、保险定价等方面的应用已经十分成熟，由于它具有多项传统多维分析方法不具备的优良特性，20 世纪 90 年代后得到了迅猛的发展。第一，它不限制边缘分布的选择，不需要对边缘分布作任何假设和变换。在实际应用中，可以根据实际情况选择各种边缘分布和 Copula 函数构造灵活的多元分布，并且变量间的相关性能被完整地描述。影响灾害的各变量有可能服从不同的分布类型，并且各致灾因子间存在千丝万缕的联系，可能存在正相关或负相关关系，或者非线性相关。传统的多维分析方法无法解决这一问题，而 Copula 函数理论正是描述这种相关结构的一种有效途径。第二，如果对变量作严格单调增变换，相应的由 Copula 函数导出的一致性和相关性测度的值不变。第三，随机变量的边缘分布和它们之间的相关结构可以分开来研究。因此，在运用 Copula 函数构建多维风险模型时，形式可以灵活多样，模型的估计求解也会更加简单方便。第四，Copula 函数容易扩展到多元联合概率分布，同时可以描述变量间非线性、非对称性以及尾部相关关系。Copula 模型是一种基于非线性相关的模型，不仅可以用于研究一般情况下变量之间的相关关系，还可用于研究极值相关关系，这正是自然灾害特征分析所需求的。

自然灾害风险分析管理和投资组合的风险分析、风险管理有很多相通之处，Copula 函数模型的诸多优势与现今自然灾害风险研究的需求非常吻合，因此发展 Copula 函数模型在自然灾害中的应用具有广阔的前景和十分重大的意义。

## 1.2 自然灾害风险分析及发展历程

风险是一个古老的问题，但风险学科的形成则是近 30 年的事情。对于风险的概念，不同的领域针对不同的研究目标，对风险的定义有所不同。一般来说，风险是指发生不幸事件的概率，或一个事件产生不希望发生的后果的可能性（蒋维，1992）。Tiedemann（1992）认为，风险是由于特定自然事件引发的损失的期望程度，是致灾因子和承灾体脆弱性的函数。黄崇福（2001）认为，地球是一个自组织的系统，系统内的任何变动，包括人类活动，只要超过一定的程度，都会产生一系列的正面效应与负面效应，其结果既有有利的，也有不利的，所有负面影响出现的可能性即为风险。国际减灾战略（United Nations International Strategy for Disaster Reduction，UNISDR）（2004）将风险定义为由自然或人为导致的致灾因子和脆弱性情况之间的关系，所导致的损害结果的可能性或人口伤亡、财产损失和经济活动波动的期望损失，可以用致灾因子与脆弱性的乘积表示。基于对风险形成机制的理解，Fleischhauer（2004）从致灾因子强度、概率的评价、潜在危险性的诊断和评估、脆弱性的理解预评估和灾害风险的形成等方面提出了风险定义框架。尽管对灾害风险的定义莫衷一是，但归根结底是认识“由自然事件或力量为主因导致的未来不利结果可能性”的问题，也就是损失的不确定性（Rosenbloom，1972），这个不确定性的研究与灾害风险源的概率分布有密切关系。国外学术界和许多重要组织对风险已有长久的研究，提出了各种各样的风险定义，较有影响的有如表 1-1 所列的 20 个定义（黄崇福，2012）。

**表 1-1　国内外较有影响的 20 个风险定义**

| 序号 | 出处 | 定义 | 评述 | 提出年份 |
|---|---|---|---|---|
| 1 | 日本亚洲减灾中心 | 通常，风险被定义为由某种危险因素导致的损失（死亡、受伤、财产等）的期望值。灾害风险（disaster risk）是由危险性（hazard）、暴露性（exposure）和脆弱性（vulnerability）构成的函数：disaster risk = function（hazard，exposure，vulnerability）(1-1) | 这里实际涉及两个定义：“损失期望值定义”和式（1-1）中的“概念化公式定义”。前者是对一般的风险，后者是对灾害风险。概念化公式定义有悖于“定义是用陈述句进行逻辑判断”的基本要求。如果用这种定义，甚至“风险”外延中的元素是什么样子都无法解释 | 2005 |
| 2 | 亚历山大 | 风险可以被定义为可能性，或较正式地定义为概率。这里的概率，是指由于一系列因素而产生的特定损失的概率，损失是由于某种危险源的存在而产生的。在一个特定地区受到灾害威胁的风险因素包括人口、社区、建筑环境、自然环境、经济活动和服务等 | 该定义的核心是用“损失的概率”这一概念来描述风险。其内涵是某种概率，其外延也可列举。例如，假定计算出建筑物 $A$ 在 50 年内被震毁的概率值是 0.001，根据该定义，这一计算结果和相应的条件就是风险外延中的一个元素，可以记为一个五元有序组：$r$=<$A$，50 年，地震，毁坏，0.001>。风险的内涵仅仅是损失的概率吗？显然不是。因为具有该定义内涵的所有对象构成的外延过于褊狭。例如，全球变暖并没有概率意义，这并不意味着相关的损失事件不是风险问题。概率反映的是多次试验中频率的稳定性。对常见建筑物，可以用以往的震害资料估计出地震毁坏概率；对特殊建筑物，可以通过地震实验台的相关实验结果来推算毁坏概率。尽管估计和推算出的概率可能很粗糙，但它们都与“多次试验”有关。然而，“全球变暖”与“多次试验”之间并没有什么关系。所以，“损失的概率”并不能定义“风险” | 2000 |

续表

| 序号 | 出处 | 定义 | 评述 | 提出年份 |
|---|---|---|---|---|
| 3 | 阿尔王、西格尔和约根森 | 风险由已知或未知的事件概率分布来刻画，而这些事件是由它们的规模（包括尺寸和范围）、频率、持续时间和历史来刻画 | 一方面，将概率扩充为概率分布，并且可以是未知的分布，但该定义仍然用概率不适当地限定了风险；另一方面，该定义不限定事件是否为不利事件。这样一来，任何事件的概率分布都可以用来刻画风险。例如，假定投资某项目一定可以赚取利润，并且假定人们可以估计出赚取不同利润的概率分布，那么，按该定义，这个概率分布就是投资风险。这显然与常识相抵触 | 2001 |
| 4 | 卡多纳 | 预期出现的伤亡人数、财产损失和对经济活动的破坏，这种预期归因于特定的自然现象和因此产生的风险要素 | 由于预期是一个含混模糊的概念，将“某些不好的预期”定义为风险，不满足下定义要求“清楚确切”的规则。事实上，经济学中的预期可分为三种，即静态预期、适应性预期、理性预期。那么，是否经济活动中的风险就有静态风险、适应性风险、理性风险之分？显然难以解释。预期与人的主观愿望关系密切，不宜放入风险定义中。该定义的另一个问题是“循环定义”，因为定义概念中用到了“风险要素”，而“风险”是被定义概念 | 2003 |
| 5 | 克拉克 | 风险就是由于某种选择导致可能发生的事件的可能范围。不确定性就是不知道。风险的一般形式是事件发生的可能性，具体形式是不良后果发生的概率 | 本质上，克拉克定义与亚历山大的定义是一样的，只不过用“可能性”作为风险的一般形式，并增加了“风险”是与人们的“某种选择”有关的内容。虽然人们用概率论、Dempster-Shafer 理论和模糊集理论等对“可能性”展开了大量的研究，但事实上“可能性”是相对于“现实性”的一个哲学概念，反映的是存在于现实事物中的、预示着事物发展前途的种种趋势。可能性着眼于事物发展的未来，是潜在的、尚未实现的东西。这种可能性一旦条件具备了，就会由可能转化为现实。也就是说，无论“可能性风险定义”的形态如何，它们都是用一个哲学概念来定义风险。作者认为，某些可能性测度，如概率可以被用来描述部分风险，但这种测度背后的哲学概念，只有在特别的场合，针对特别的风险，才能替代风险定义中应该指明的相关内涵。就像我们可以用尺子来量人的“身高”，但不能用尺子来定 | 1999 |

续表

| 序号 | 出处 | 定义 | 评述 | 提出年份 |
|---|---|---|---|---|
| 5 | 克拉克 | 风险就是由于某种选择导致可能发生的事件的可能范围。不确定性就是不知道。风险的一般形式是事件发生的可能性，具体形式是不良后果发生的概率 | 义“身高”，我们可以用可能性来研究风险，但不能用可能性定义风险。只有当我们确定某类风险能用可能性描述时，才可以简单地把风险与可能性联系起来。更一般地讲，如果不是用哲学术语表述“可能性”，也不是用数学测度讨论可能性，要定义什么是“可能性”，就像要定义什么是“灵魂”一样困难，在这种情况下，克拉克定义不满足“清楚确切”的规则 | 1999 |
| 6 | 美国《灾后恢复》季刊 | 风险是潜在的暴露损失。人为或自然的风险比比皆是。通常用概率来测量这种潜在性 | 这里用到3个概念“潜在”、“暴露”和“损失”来定义风险概念。“暴露”这个概念是从化学品安全管理领域引入的，原意是指可能被伤害的对象与有害化学品的接触。暴露评估是鉴别导致暴露的化学品的来源，计算被暴露的有机体的接触剂量或评估化学品向某一特定的环境区域的释放量。后来，这一概念被引申到一般的风险评估程序中，泛指危险源影响场的评估。事实上，“暴露”并不是风险的本质属性之一。例如，金融风险很难与“暴露”挂起钩来，计算机网络安全风险也与“暴露”无缘 | — |
| 7 | 赫伯特·爱因斯坦 | 风险是事件发生的概率乘以事件的后果 | 这是用有乘法运算的概念化公式来定义风险，不符合下定义的基本要求，无法指明风险概念的内涵。这种概念化公式，只能作为量化某种风险的选项之一，并不能说明什么是风险 | 1988 |
| 8 | 欧洲空间规划观察网络 | 风险是危险发生的概率或频率和产生后果的严重性的组合。更具体地讲，风险定义为由自然或人为诱发危险因素相互作用而造成的有害后果或预期损失发生的概率，损失包括人的生命、人员受伤、财产损失、生计无着、经济活动受干扰和环境破坏等 | 这里，概率和频率仍然被视为风险的有机部分，只不过用“组合”替代常用的“相乘”，拓展了概念的外延。由于概率和频率只能作为某些风险的描述工具，并不具有一般性意义，该定义不能作为风险定义使用 | — |

续表

| 序号 | 出处 | 定义 | 评述 | 提出年份 |
| --- | --- | --- | --- | --- |
| 9 | 盖雷特瓦和博林 | 下列公式用于计算灾害风险：disaster risk = hazard × vulnerability (1-2)<br>式中，风险是两个因素“危险性”和“脆弱性”的乘积。显然，只有对自然危险表现脆弱才会有风险 | 这是一个特定意义下灾害风险的计算公式，不能作为定义使用。所谓特定意义，只要比较一下式（1-1）就清楚了。在该式中，灾害风险的计算还涉及“暴露性”。所以，“两个因素”应该视为一种特殊情况 | 2002 |
| 10 | 世界急救和灾害医学协会杂志《院前急救和灾害医学》 | 风险是危险变成事件的客观或主观概率。可以发现风险因素从而修改概率。这些风险因素由个人行为、生活方式、文化、环境因素及与健康有关的遗传特性所构成 | 本质上是用“概率”来定义风险，只是限定为“危险变成事件”的概率。该定义的外延过于褊狭，只能用于描述灾害医学中某些与概率有关的风险 | — |
| 11 | 奈特 | 涉及风险和不确定性的情况是可能的结果，而且不止一个。风险：我们可以识别每个可能结果的概率；不确定性：我们可以识别出结果，但没有相应的概率 | 这就是有名的奈特定义，1921 年给出。奈特在研究概率论的基础时，涉及对概率的主观与客观的解释。根据客观的解释，概率是真实的；而主观解释认为，概率是人类的信仰，不是大自然内在的，因人而异有他们自己的不确定性。为了区别可测的不确定性和不可测的不确定性，奈特使用“风险”指前者，用术语“不确定性”指后者。奈特已意识到，他的“风险”与公众使用的概念很不相符 | 1921 |
| 12 | 澳大利亚昆士兰州紧急服务部 | 对某些对象有影响的事情发生的机会。用后果和可能性对其测量（在灾害风险管理中，风险概念用于描述由危险、社区和环境相互作用而产生的有害后果的可能性） | 用“机会”（chance）来定义风险，用“后果和可能性”（consequences and likelihood）来测量，该定义的外延过于褊狭，只能用于描述与概率有关的某些灾害风险 | — |
| 13 | 拉希德和威克斯 | 风险是在城市地区由于危险暴露而潜在的损失程度，可将风险视为危险发生概率和脆弱程度的乘积 | 该定义是针对城市地区的地震风险而言的，使用“潜在的损失程度”这样的表述方式，有一定的可取之处。但“概率”和“乘积”的使用，使该定义的外延过于狭隘 | 2003 |
| 14 | 施奈德鲍尔和埃尔利希 | 风险是有害后果发生的概率，或能产生一定威胁的危险因素所导致的预期损失 | 该定义用“概率”定义风险，外延过于褊狭，只适用于与概率有关的风险 | — |

续表

| 序号 | 出处 | 定义 | 评述 | 提出年份 |
| --- | --- | --- | --- | --- |
| 15 | 什雷斯塔 | 系统风险可以简单地定义为不利或不希望事件发生的可能性。风险可能归因于纯粹的物理现象，如对健康的危害，或人工系统和自然事件之间的相互作用，如洪水越过堤坝造成损失。水资源系统的工程风险，通常用函数的某种性能指标来描述，如可靠性、事件期间、可修复性等 | 该定义用“可能性”定义系统风险，但没有说明“系统风险”和“风险”的区别 | 2002 |
| 16 | 史密斯定义 | 风险是生活的一个组成部分。事实上，表达风险用的中文“危机”，其词意义是“机会/偶然”和“危险”的结合，意味着不确定性总是涉及盈利和亏损之间的平衡，由于风险不能完全排除，唯一的选择就是管理 | 该定义用中文“危机”来解释风险，并不正确，但也说明西方学者对中国文化中风险的概念有一定的认识。史密斯对风险的表述，不是定义的形式，只是对这一概念做了一些说明，事实上，是生活一个组成部分的东西很多，所以他的表述方式不能指明风险的内涵 | 1996 |
| 17 | 蒂德曼 | 预期出现的伤亡人数、财产损失和对经济活动的破坏，这种预期归因于特定的自然现象和由此产生的风险要素。具体风险：因特定自然现象的损失预期度，该预期度是自然危险和脆弱性的函数 | 该定义的前半部分与卡多纳的定义完全一致，后半部分与下节中的盖雷特瓦和博林定义类似。从时间上看，蒂德曼为瑞士再保险公司提供的这一风险定义比上述两个定义的时间都早。不过，这三个定义的撰写人都没有指他们的定义的出处。如前所述，由于预期是一个含混模糊的概念，将其用于定义不满足“清楚确切”的规则，而后半部分是一个概念化公式，不能作为定义使用 | 1992 |
| 18 | 联合国开发计划署 | 风险是由自然或人为诱发危险因素和脆弱的条件相互作用而造成的有害后果的概率，或生命损失、人员受伤、财产损失、生计无着、经济活动受干扰（或环境破坏）等的预期。表达风险的方程通常是：risk = hazard × vulnerability (1-3) | 该定义与欧洲空间规划观察网络的定义基本一致，不同的是相互作用的因素中加入了“脆弱的条件”，它们与施奈德鲍尔和埃尔利希的定义一样，也用到预期损失。其表达式与盖雷特瓦和博林的式（1-2）类似，只不过这里不是“灾害风险”，而是“风险”。如前所述，由于概率只能作为某些风险的描述工具，并不具有一般性意义，该定义不能作为风险定义使用。更有意思的是，该机构推荐使用的式（1-3）中并没有概率的成分，不知与其用概率定义的风险有什么关系 | 2004 |

续表

| 序号 | 出处 | 定义 | 评述 | 提出年份 |
| --- | --- | --- | --- | --- |
| 19 | 联合国环境规划署 | 风险是暴露于某一事件的概率，该事件在不同地理尺度发生的程度可能不同，暴露程度也可能不同，可能突然发生，可能在预期中发生，或可能逐渐发生，可能在预见中发生 | 该定义用“概率”定义风险，外延过于褊狭，只适用于与概率有关的风险。该定义对事件的进一步说明，并没有扩充外延 | 2002 |
| 20 | 克莱顿 | 风险是损失的概率，取决于3个因素，即危险、脆弱性和暴露。这3个因素的任何一个增大或减小，风险就相应地增大或减小 | 仍然是用“概率”定义风险。所列出的3个因素只适用于某些特殊的风险。例如，金融风险很难与“暴露”挂起钩来，计算机网络安全风险也与“暴露”无缘 | 1999 |

风险分析是针对某一对象，断定在未来某时间点或时间段内，各种程度的灾害发生的可能性，是一个多值逻辑的问题，是从确定性向不确定性发展的问题。自然灾害风险分析是指对一定的区域，在一定的时期内，自然灾害发生的可能性及其结果的可能性做出定量的分析和评估，包括致灾因子的危险性分析、承灾体的脆弱性分析、损失结果可能性的评估及其之间的关系。史培军等认为，自然灾害风险分析有广义和狭义之分——广义上的自然灾害风险分析包括对孕灾环境稳定性、致灾因子危险性和承灾体脆弱性的评估（图1-1）；狭义上的就是对致灾因子危险性的评估，即致灾因子及其可能造成的灾情之超越概率的估算（图1-2）。进行灾害风险分析的第一步，也是非常关键的一步，就是致灾因子的发生概率估算。

针对只有一个风险源和一个承灾体的简单风险事件，确定风险大小的基本模式，就是计算这一风险源发生的概率密度函数和承灾体脆弱性曲线围成的面积。但是，现实情况是，单一风险源的情况非常少，对于普遍存在的多个风险源也就是多个致灾因子的情况，如何把它们发生的概率密度函数联合起来考虑，是目前要解决的一个基本问题，也是一个至关重要的问题。目前灾害理论的研究已经重点强调灾害过程和灾害形成机制的研究，单纯从一个方面进行灾害风险评价的研究比较少，研究者基本上都试图从多方面多角度进行评价，同时更加重视灾害发生机理方面的分析，选取的指标也逐渐从单要素向多指标多要素转变。灾害风险分析的整个发展历程大约分为以下四个方面：

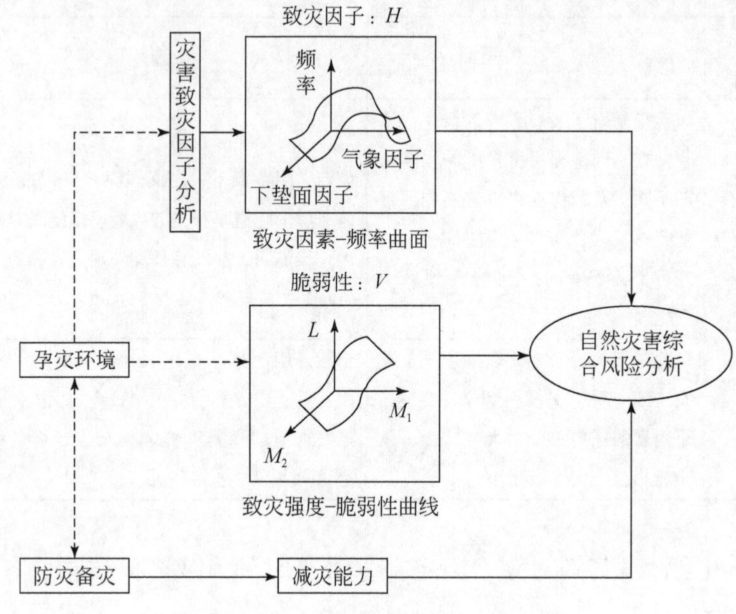


图 1-1　广义自然灾害风险分析示意图

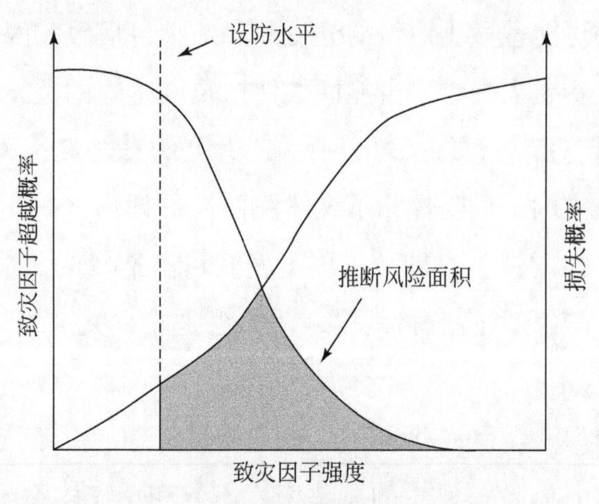


图 1-2　狭义自然灾害风险分析示意图

**1）从侧重致灾因子的角度研究**

在灾害系统中，可能造成灾害的因素称为致灾因子（hazard factor），致灾因子风险分析的主要任务是研究给定区域内各种强度的自然灾害发生的概率或是重现期。黄诗峰（1999）利用降雨量、地形综合因子和河网密度等重要影响因子对辽河流域的洪水危险性进行评价和区划。张俊香（2007）基于信息扩散原理的模糊风险计算模型，从致灾因子的角度，对中国沿海特大台风风暴潮灾害进行风险评价，并给出中国沿海特大台风风暴潮灾害的超越概率曲线。范一大等（2007）利用中国北方1951～2000年188个沙尘暴代表站的气象观测数据和1983～2000年的NDVI数据，对我国北方沙尘灾害的动力影响因子和阻力影响因子进行分析。司康平等（2008）采用Logistic回归模型、广义加法模型（GAM）和分类回归树（CART）3种统计方法，对深圳市进行滑坡灾害的致灾因子危险性评价。牛海燕等（2011）构建台风致灾因子危险性评价指标体系和评价模型，在GIS环境下对沿海地区台风致灾因子危险性进行分析评价。

**2）从侧重承灾体的角度研究**

承灾体的易损性评价主要包括3个方面：①风险区的确定。确定一定强度自然灾害发生时的影响范围；②风险区特性评价。对风险区内的建筑物、建筑物内的财产和固定设备，风险区内的人口数量、人口分布和经济发展水平等进行评估；③抗灾性能分析。对风险区内的财产进行抗灾能力的大小分析。英国布拉福特大学的地理学者Westgate和O'Keefe领导的灾害研究中心最早认识到承灾体易损性重要性，并从1976年着力开展灾害易损性研究。丁燕等（2002）基于统计方法建立台风灾害模糊风险评价模型，从台风暴雨和台风大风的角度分析致灾因子的规律，并选择人口密度、人均GDP等指标评价承灾体的易损性，进行广东省14个市的风险评价。刘兰芳等（2006）选取汛期降水量、农业产值等8个因子作为湖南省农业洪涝灾害承灾体易损性定量评价的指标体系，以县域为评价单元，对农业洪涝灾害易损性进行量化评估。严春银等（2007）根据江西省雷电灾害资料，选取雷击密度、经济易损指标、生命易损指标作为雷灾易损性评价指标，对江西省的雷灾易损性进行综合评估。王威等（2010）提出基于贝叶斯公式的小城镇灾害易损性评价方法。

**3）从侧重致灾因子和承灾体的角度研究**

Granger（2003）结合灾害的致灾强度和承灾体脆弱性指数，系统地评价暴露于风暴潮灾害中的承灾体的灾情风险。张会刚（2005）通过分析西南山地崩塌、滑坡和泥石流等主要地质灾害的成灾机制、致灾因子危险性和承灾体易损性的评价，结合水电站流域开发的各个阶段，分别提出流域水电开发期间的环境保护措施。Giacomo等（2005）从致灾强度和承灾脆弱性两个方面，绘制致灾强度频率曲线和居民住宅抗震的脆弱性曲线，系统地进行意大利地震灾害风险的评价。Heiko等（2006）从水灾发生发展的过程出发，将致灾和承灾相关的模型整合成一个水灾评价的系统模型，进行莱茵河水灾风险评价。Kyriazis 等（2006）通过建立地震灾害效用系统的风险评价模型，结合致灾强度指数和承灾体易损性曲线，选择 7 个城市进行针对效用系统的地震风险评价。陈香（2007）基于自然灾害系统理论，构建了一个集洪灾致灾因子、承灾体和防灾水平于一体的区域暴雨洪涝灾害风险评估模型，对福建省的暴雨洪涝灾害进行风险评估。Castellanos 和 van Westen（2007）通过选择滑坡致灾因子和承灾体的相关评价指标，赋予各个指标权重，基于 GIS 空间叠加等技术，完成了对古巴在国家尺度上的滑坡风险评估。乔建平等（2008）基于贡献权重叠加法，将滑坡因子、承灾体因子和两者的自权重、互权重分别相乘叠加，进行滑坡危险度和易损度的评价。

**4）从侧重致灾因子、承灾体、灾情结合的角度研究**

灾情损失评估就是评价风险区内一定时段内发生一系列不同强度自然灾害造成的可能后果评价，是灾害风险评估的最后一个环节。魏一鸣等（2001）从系统论的理论出发，阐述了以洪水危险性分析、承灾体易损性分析和洪水灾害灾情评价为核心的洪水灾害风险分析的系统理论。Grunthal 等（2006）分别评价了洪水、暴风和地震 3 种不同灾害的致灾因子危险性、承灾体脆弱性和灾情损失的状况，对 3 种灾害的风险进行了综合评价，确定了其超越概率曲线。杜鹃等（2006）从致灾因子、孕灾环境的自然属性和承灾体的社会属性方面出发，结合损失概率曲线，以县级行政单元为基本评价单元，进行湘江流域洪水灾害风险评价。刘耀龙（2011）系统探讨了灾害风险表征因素的构成和内在关系；开展了大尺度——温州市、中尺度——平阳县和小尺度——水头镇三级尺度灾害风险调查；进行了浙江省温州市致灾因子危险性分析、承灾体脆弱性分析、灾害损失分析和灾害风险分级与区划。

评估方法上的研究，可以概括为两大方面：

（1）基于灾害系统论的综合评估法。该方法综合考虑孕灾环境、致灾因子、承灾体和防灾减灾能力，基于指标体系的选取，运用加权综合评价法建立一个综合评价指数进行风险分析，也称为经验合成法。这类方法是人们对风险的认识还没有到确切无疑的程度，须借助专家借助知识积累和经验进行分析，不仅涉及随机不确定性，还涉及模糊不确定性。主要方法有层次分析法、加权综合评价法、主成分分析法、模糊综合评价法等。传统的对借助层次分析法和加权综合评价法进行的风险分析，严格来说，并不是自然灾害风险分析的完整方法。因为在借助层次分析法获得各项要素的权重值时，实际更多依靠的是主观判断。

（2）基于统计的概率风险分析法。基于统计分析的方法，以随机的不利事件为研究对象，通过对它的随机性进行分析，计算事件发生的概率，来推断风险的大小。大多数情况下，是对已发生事件的大量数据进行统计处理，统计灾害历史资料中灾害发生的频次、密度等要素，建立数学模型评价灾害风险。这类方法是随机不确定意义下的量化分析法。具体的方法主要有参数估计法、非参数核密度法、线性回归模型、超越概率曲线法、多维联合概率分析法等，环境危害、自然灾害、生产安全、信息技术和保险业 5 个领域中多采用这种风险分析方法。另外，基于统计分析的方法，需要尽可能多的样本数，而在实际的风险评价中常常会遇到样本比较少的情况，因此黄崇福（2001，2006，2011）提出了信息扩散理论，为在信息不完备的情况下进行风险分析提供了可能性。张继权和李宁（2007）对气象灾害风险评价的方法进行了系统的总结，并对 8 种主要气象灾害的风险进行了案例研究。

目前，人们广泛使用的风险分析方法本质上属于经验总结法，黄崇福（2011）总结出这些方法主要以下述 4 种形态出现：①自然灾害预测。根据现有的统计资料和背景知识，推断达到某种程度的自然灾害将会出现的状况。②地理信息叠加。根据已有背景知识选用某种统计方法对现有资料进行处理，得出自然灾害致灾因子危险性区划图、社会经济易损性、防灾减灾能力分布图，然后叠加评价单元上的属性值，生成风险区划图。③专家评估。专家根据已有的知识积累和经验进行分析判断，常用的有模糊综合评判法和层次分析法。④概率模型。这类模型将自然灾害视为随机事件，引入描述随机现象的概率论，用统计方法处理现有的资料和背景知识，推断出自然灾害发生的概率分布。

总体来看，自然灾害风险分析越来越趋向于从灾害系统的角度进行致灾因子、承灾体和灾情的综合评价向成灾机制角度进行风险评价转变，方法上也从选择各种指标的评价趋向于更能体现致灾因子和承灾体特性的危险性曲线和脆弱性曲线上来。同时，开始逐渐重视多要素对灾害风险影响的分析，从单一要素、多要素指标的综合加权向尊重各要素本身特征的多要素联合概率分布研究的转变。评价方法上众多学者也尝试在灾害形成的机理机制上有所突破。但目前这方面的研究还比较少，随着对灾害成灾机理机制认识程度的深入，以及计算机技术的提高和多学科之间的交叉融合，从成灾机理上进行灾害多要素风险分析的研究将成为一个重要的发展方向。因此，本书从成灾机理角度，综合考虑多项致灾因子和灾害特征变量，把综合的风险分析方法和基于概率的评估方法结合起来，进行多要素的联合概率分布和风险分析。

## 1.3 致灾因子的危险性分析

可能造成灾害的因素称为致灾因子，这里的因素可以是任何一种力量、条件或影响等。自然灾害的致灾因子通常是指干旱、暴雨、地震、虫害、土壤侵蚀等这些人们熟知的造成灾害的原因，又可称为灾源。任何致灾因子都需要3个参数才能加以完整地刻画，即时、空、强。

时：灾源出现或发生作用的时间（在时间轴上刻画，有时是时间点，有时是时间段）。

空：灾源所在的地理位置。

强：灾源强度。例如，地震震级、暴雨雨量等。

研究给定地理区域内一定时间段内各种强度的致灾因子发生的可能性称为致灾因子风险分析（Petak and Atkisson，1982）。如果将致灾因子的出现视为随机事件的发生，则致灾因子风险分析的任务就是估计各种强度的致灾因子发生的概率或重现期；如果可以准确预报某一强度致灾因子将在何时、何地发生，则致灾因子风险分析的任务就是找出概率为1的事件。换言之，确定性预报是概率风险分析的一种特例（黄崇福，2012）。

设$t$，$s$分别是时间和地点变量，则用概率统计方法进行致灾因子风险分析的任务就是求出$h$发生的条件概率$P(h \mid t, s)$。通常，人们只对给定时间段$T_0$和地域$S_0$进行致灾因子风险分析，其任务是求$P_{H|T_0, S_0}(h)$；而且，选定的致灾因子地域一般被视为是连续的。因此，致灾因子风险分析的任务是求概率密度$p(h)$。

通常我们所说的“地震危险性分析”（seismic risk analysis），实际是只对地震致灾因子进行风险分析，并不涉及震害。“洪水风险”（flood risk），通常也只是描述洪水的走向、规模及大致时间，实际上是指洪水致灾因子的风险。

自然灾害系统中的不确定性，从属性上来分，有随机不确定性和模糊不确定性两种。自然灾害风险分析涉及的随机不确定性，主要来自致灾因子。因此，致灾因子风险分析的主要任务之一是掌握致灾因子的统计规律。随着科学技术水平的提高，许多灾种将逐步可以进行预测。对于这些灾种，除了研究它们的重现期外，预测结果仍然是多可能性的。这时，致灾因子的风险分析就从概率统计阶段进入了预测风险阶段。

致灾因子风险分析的核心是，估计一段时间 $t$ 内，在给定区域 $s$ 内，致灾因子以 $h$ 强度发生的条件可能性 $p(h \mid t, s)$ 。概率是一种常用的可能性度量，用于预测随机可能性。

## 1.4 本书的研究内容

经回顾，已有研究需要解决的问题主要有以下几个方面：

（1）在自然灾害风险评估方法上，基于灾害系统论的综合评价法往往受研究者的知识、经验、历史教训等主观因素的影响，其中需要对指标进行归一化和无量纲化处理，难免造成数据信息的丢失。基于概率风险评估的方法，常常为了量化，使原来比较复杂的事物简单化、模糊化，甚至有的风险因素被量化后还可能被曲解。因此，需要一种既客观尊重数据本身分布形态，又不需要为了量化而设定大量假设、简化相关因素的方法，能够使用有限的知识和资料快速进行风险计算和风险更新，改进自然灾害风险评估现状，保持风险分析的活力。

（2）对于干旱、洪涝、地震等自然灾害，相应的数据和经济损失已经有成熟的固定机构统计，灾害风险评估比较多也比较成熟。而沙尘暴灾害作为一种典型的气象灾害，因多发生于边远荒凉地区，各项观测数据难以获取，同时损失涉及面太广，界定统计起来也很困难，多个方面原因造成沙尘暴灾害风险评估的空白，而且目前对特强沙尘暴灾害的重现期研究也很少涉及。无论国内还是国外在这方面做的研究都相对薄弱，在理论和方法创新方面还有很多研究的空间。目前尚没有从高空环流系统、近地面气象要素和下垫面要素三个不同层面进行沙尘暴成灾机理的综合分析，基于沙尘暴多致灾因子影响机理的综合评估也很少。同时，沙尘暴重现期的研究也多建立在历史发生事件的概率统计上，没有结合沙尘暴本身的特征。单变量的分析无法全面反映灾害事件的真实情况，虽然相关专家也提出需要考虑多特征变量和影响因子进行分析，但目前尚没有一个简单有效的方法。沙尘暴灾害风险评估也主要从频次和承灾体脆弱性角度研究其风险及空间分异规律，缺少综合考虑沙尘暴多项致灾因子影响机理的灾害风险评估。并且，由于沙尘暴灾害不同的致灾因子服从的边缘分布不同，在洪水或干旱灾害频率分析中常用的二维 Gamma 分布、二维指数分布等也不适用于建立沙尘暴特征变量之间的联合分布。

（3）选取一种典型的海洋灾害——海冰灾害，依据海冰灾害预警报的规范要求，选取两个特征变量：结冰范围和冰厚度，进行联合概率分布构建和风险分析，探讨 Copula 函数多维分析方法在海洋灾害中的适用性。

（4）Copula 函数维数拓展及相关问题。目前在国内外的文献中，对于 Copula 函数的研究和应用多限于二维，对三维及以上的联合分布的研究和应用非常少。主要是因为存在各种三维 Copula 函数的适用性范围不明确、参数难估计、结果难验证等问题。随着研究对象的复杂化和计算机技术的进步，三维及以上 Copula 函数的应用及相应的参数估计、函数类型选择等问题都需要进一步的研究和探索。

（5）目前 Copula 函数在自然灾害中的研究仍然处于理论探讨阶段和简单的计算阶段，与灾害的成灾机理相结合的实证研究很少，有待进一步深入发掘；并且，在自然灾害中应用较多的是考虑灾害本身特征的二维联合概率，在灾害成因复杂化的背景下，对多个致灾因子相关结构相互影响机理及其联合分布的研究几乎没有，因此应加强从灾害致灾因子成灾机理角度的联合分布研究。

综上所述，本书的研究目标在于通过 Copula 函数模型和 3 种典型的自然灾害案例分析，以自然灾害的成灾机理为基础，进行联合分布在自然灾害重现期和风险分析中的应用研究。致灾因子影响机理和 Copula 函数模型联合分布相结合的研究有助于减少灾害风险评估中的假设和主观性，提高定量化程度，使风险评估更加贴合现实，对日后政府灾害风险管理和防灾减灾工作意义重大。具体目标包括：①分析 Copula 函数模型在自然灾害中的适用性。②揭示致灾因子的影响机理，根据自然灾害成灾机理构建联合分布函数，进行重现期研究和风险分析。③提高自然灾害风险评估的定量化程度和准确度。

本书共 9 章，各章主要内容如下：

第 1 章为绪论，阐述本书的研究背景与意义，综述自然灾害风险分析及发展历程和致灾因子的危险性分析。

第 2 章为单变量的概率风险分析方法，主要介绍概率风险的基本概念，列出风险分析中常用的单变量分布及单变量分布的拟合优度检验方法。

第 3 章为多维的概率风险分析方法，在介绍 Copula 理论的定义、基本性质、相关原理定理的基础上，给出 Copula 函数的分类和构建步骤；探讨基于 Copula 函数的相关性度量方法和函数模型构建过程中常用的参数估计及拟合优度评价方法；介绍二维和三维的联合概率分布和不同重现期的表达。

第 4 章为沙尘暴致灾因子选择及二维变量分析法的比较。基于沙尘暴灾害主要致灾因子的分析结果，结合沙尘暴灾害的致灾机理，选取对沙尘暴成灾影响较大的一个近地面气象因子和一个下垫面因子进行联合概率分布的分析，并与传统的多变量回归方法做比较；结合案例详细介绍变量分布函数的选择方法、参数估计和拟合检验及不同 Copula 函数的适用性特征和构建步骤。

第 5 章为基于预警指标的强沙尘暴二维联合重现期研究，运用 Archimedean Copula 函数族中的 Clayton Copula 函数对内蒙古地区 19 年间 79 次强沙尘暴事件的两个特征变量建立联合分布，并分析强沙尘暴事件的联合重现期。

第 6 章为基于发生机理的强沙尘暴三维联合重现期研究，从沙尘暴灾害的发生机理和致灾要素出发，选取 500hPa 高空的经向环流指数、近地面 10m 处的最大风速和地表土壤湿度 3 个主要的致灾因子，捕捉多维致灾要素间的非线性关系，构造多变量极值事件的相关结构和联合分布，进行强沙尘暴灾害重现期的模拟计算和风险分析，并运用历史上强沙尘暴事件进行验证和探讨。

第 7 章为基于联合重现期的洪水遭遇风险分析，以湖南省桃源县沅水为研究对象，引入 Archimedean Copula 函数，建立区间暴雨和外江洪水位二维联合概率分布，由此计算当地洪涝灾害发生的联合重现期和风险大小，为 Copula 函数在自然灾害中的进一步应用和完善打下基础。

第 8 章为基于预警指标的海冰灾害联合重现期研究。运用 Copula 函数模型，将结冰范围与最大冰厚的边缘分布和它们之间的相依结构分开考虑，然后利用极值分布对海冰灾害风险的两个致灾因子进行拟合，运用 Archimedes Copula 函数捕捉海冰灾害风险主要致灾因子之间的极值相依结构，构建基于 Copula 函数的海冰灾害风险评估模型，并以此计算出海冰灾害风险的重现期，为多维海冰灾害风险评估提供一种新思路。

第9章为总结与展望。总结全书的主要研究成果和仍然存在的问题，展望需要进一步研究的方向。

本书研究方法的技术路线如图1-3所示。

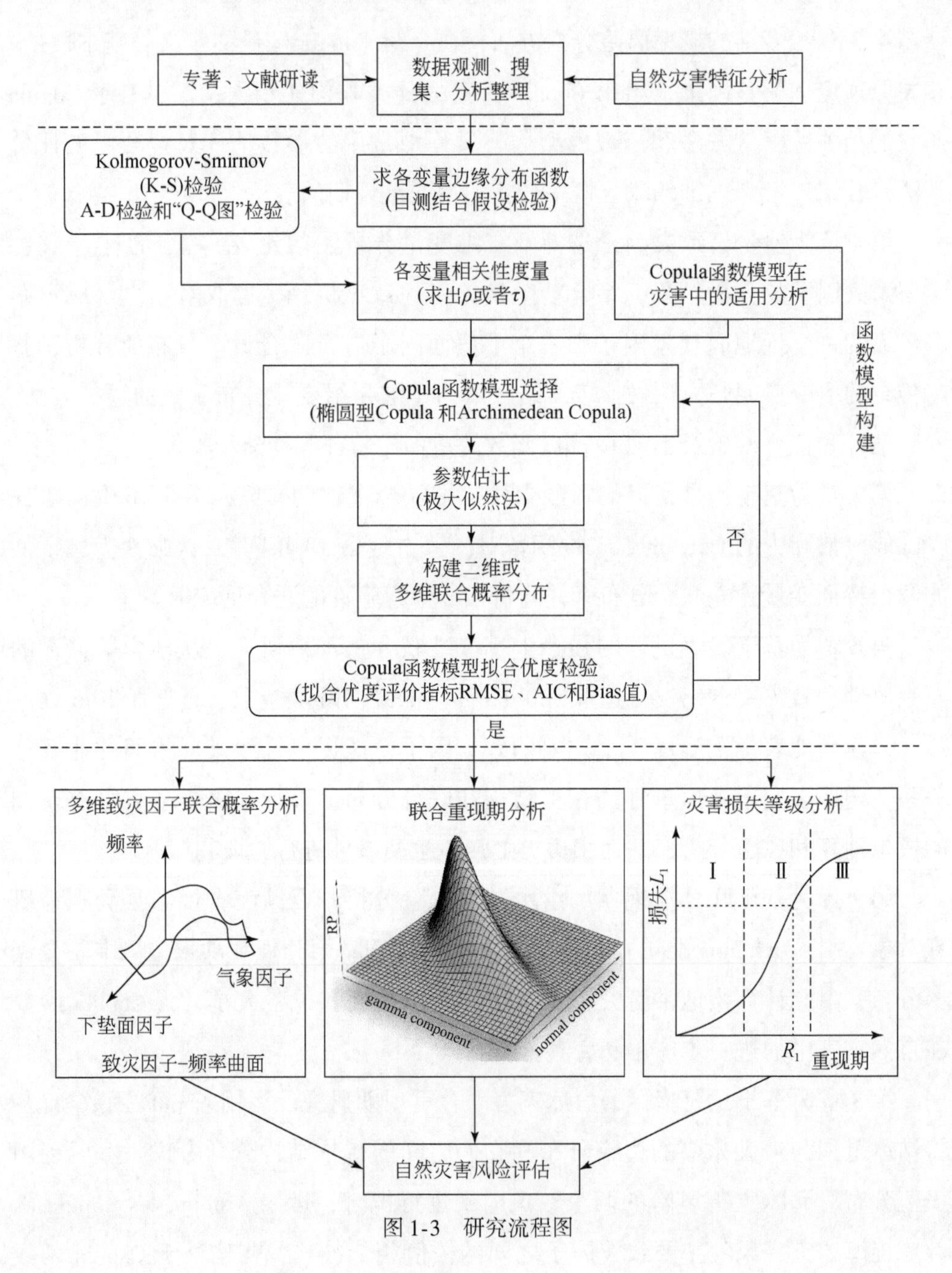


图1-3 研究流程图

# 2

# 单变量的概率风险分析方法

认识致灾因子变量的分布模式是研究灾害要素内在统计规律的基础，通过概率分布模式的拟合研究，可以推断各致灾因子变量总体的各种概率特征，进而根据现有样本所给的信息，最佳模拟纪录总体，估计与推断记录的总体特征。因此，单变量的概率风险分析是进行多维和综合的概率风险分析的前提。

本章主要介绍概率风险的定义、风险分析中常用的单变量分布类型及单变量分布的拟合优度检验方法。

## 2.1 概率风险

自然灾害风险分析的基本数学手段是概率统计方法。凡是基于概率统计方法推断出来的风险结论，均称为“概率风险”（probability risk）。“概率风险”是一个工程概念，它强调“显示”。对风险而言，“存在”不同于“显示”。风险世界中的真实，类似于物理学中的“质量”；能够显示出来的风险，类似于物理学中的“重量”。风险，无论是自然现象还是社会现象，本无所谓确定的、随机的、还是概率的，只有加进了人的认识，从认识论的角度来看待风险现象，风险才具有某种认识上的属性。风险，是一种未来情景，人们从某个侧面或某些侧面，甚或以全息的方式对其进行描述，当人们使用“概率”来描述“风险情景”时，“情景”才具有了概率的意义（黄崇福，2012）。

**定义 2-1** 概率

由于本书并不专门针对系统性的概率理论撰写，本节将绕开概率理论的推导，直接给出公式化的描述。

随机事件 $A_i$ 的概率用 $p_i$ 或 $P(A_i)$ 表示。概率 $p_i$ 具有下述性质：

(1) $0 \leqslant p_i \leqslant 1$。

（2）若 $A_i$ 是必然事件，则 $p_i = 1$；若 $A_i$ 是不可能事件，则 $p_i = 0$。

（3）若随时事件 $A_i$ 与 $A_j$ 不相容，则 $P(A_i \cap A_j) = 0, P(A_i \cup A_j) = p_i + p_j$。

（4）若随机事件 $A_i$，$i = 1, 2, \cdots, n$，互不相容且可穷举（$n$ 个随机事件 $A_i$ 中必有一个发生），则 $P(A_1 \cup A_2 \cup \cdots \cup A_n) = \sum_{i=1}^{n} p_i$。

**定义 2-2** 概率风险

概率风险（probability risk）是可以用概率模型和大量数据进行统计预测的与特定不利事件有关的未来情景。概率风险是一种随机不确定情景。这里，有关事件要么发生，要么不发生。例如，一些很好的概率模型和大量的数据可用于研究交通事故。对于保险公司而言，交通事故是概率风险。

**定义 2-3** 随机变量

随机变量（random variable）是对应于事件 $A$ 的实际变量 $X$。随机变量取什么值，在每次试验之前是不能确定的，它随着试验结果的不同而取不同的值，由于试验中出现哪一个结果都是随机的，随机变量的取值也就带有随机性。随机变量取之于实数轴。

例如，投掷一枚均匀的硬币，可能出现正面，也可能出现反面。用一个随机变量 $\eta$ 表示该随机试验的可能结果，约定：

若试验结果出现正面，令 $\eta = 1$；

若试验结果出现反面，令 $\eta = 0$。

“随机变量”是一个称呼，可用不同的字母把不同的随机变量区分开来，常用的字母有 $X, Y, \eta$。然而，对一个随机变量 $X$ 的研究是通过它的具体的数值 $x$ 进行的。因此在国内外的文献中，在写法上大多不区分一个随机变量和它的具体数值。$x$ 既代表一个随机变量，也可以代表随机变量的一个值，即一个随机数。

**定义 2-4** 联合概率、边缘概率和条件概率

考虑一共有两部分组成的试验，每一部分都会引起特定的事件发生。那么不妨令第一部分试验引发事件 $A_i$，相应的概率为 $f_i$；第二部分试验引发事件 $B_i$，相应的概率为 $g_i$。

随机事件 $A_i$ 和 $B_i$ 的组合称为联合事件，用有序数组 $C_{ij} = (A_i, B_i)$ 表示。联合概率 $p_{ij}$ 为第一部分试验中事件 $A_i$ 发生且第二部分试验中事件 $B_i$ 发生的概率。因此，联合概率 $p_{ij}$ 相当于联合事件 $C_{ij}$ 发生的概率（即事件 $A_i$ 和 $B_i$ 都发生的概率）。须特别注意的是，由于 $A_i$ 和 $B_i$ 常常不在同一个样本空间中，两个事件的并

$A_i \cup B_i$ 可能没有意义，因而联合概率并非 $P(A_i \cup B_i)$。

任一联合概率都能分解成一边缘概率和一条件概率的乘积

$$p_{ij} = p(i) \cdot p(j \mid i) \tag{2-1}$$

式中，$p_{ij}$ 为联合概率；$p(i)$ 为边缘概率（不考虑事件 $B_i$ 发生与否；事件 $A_i$ 发生的概率）；$p(j \mid i)$ 为条件概率（事件 $A_i$ 发生的条件下，事件 $B_i$ 发生的概率）。

注意事件 $A_i$ 发生的边缘概率就是事件 $A_i$ 发生的概率，$p(i) = f_i$。设有 $J$ 个互不相容的事件 $B_i$ ，$j = 1，2，\cdots，J$ ，则显然有

$$p(i) = \sum_{k=1}^{J} p_{ik} \tag{2-2}$$

用式（2-2），可将联合概率式（2-1）改成另一种表达式：

$$p_{ij} = p_{ij} \sum_{k=1}^{J} p_{ik} \Big/ \sum_{k=1}^{J} p_{ik} = p_{ij} p(i) \Big/ \sum_{k=1}^{J} p_{ik} = p(i) p_{ij} \Big/ \sum_{k=1}^{J} p_{ik} \tag{2-3}$$

用式（2-3）的左边依式（2-1）进行替换，并约去两边的 $p(i)$ ，则可导出条件概率的表达式：

$$p(j \mid i) = p_{ij} \Big/ \sum_{k=1}^{J} p_{ik} \tag{2-4}$$

由表 1-1 中国内外影响较大的 20 个风险定义，可以将风险定义分为下述 3 类：①可能性和概率类定义。根据定义的核心部分可以归入这一类的有 14 个（占 70%），分别由下述学者或机构给出：亚历山大，阿尔王、西格尔和约根森，克拉克，美国《灾后恢复》季刊，欧洲空间规划观察网络，世界急救和灾害医学协会杂志《院前急救和灾害医学》，奈特，澳大利亚昆士兰州紧急服务部，拉希德和威克斯，施奈德鲍尔和埃尔利希，什雷斯塔，联合国开发计划署，联合国环境规划署，克莱顿。②期望损失类定义。归入这一类的有 4 个（占 20%），分别由下述学者或机构给出：日本亚洲减灾中心、卡多纳、拉希德和威克斯、蒂德曼。③概念化公式类定义。只有盖雷特瓦和博林的定义可以完全归入这一类，但根据定义涉及的内容，下述学者和机构给出的定义可以部分归入这一类：日本亚洲减灾中心、赫伯特·爱因斯坦、拉希德和威克斯、蒂德曼、联合国开发计划署。其中，可能性和概率类的定义占大多数。

## 2.2 风险分析中常用的单变量分布

根据数理统计和概率分析原理，当样本容量足够大时，可以用经验分布函

数近似地估计总体的概率分布形式。但在实际工作中，由于样本容量的限制，经验分布和总体分布的数学模型存在一定的差距。为取得近似的理论模型，应根据统计变量的资料，对理论概率分布进行拟合，将通过检验的概率分布确定为该变量的分布模型。从统计学观点来研究灾害学的问题，必须考虑基本灾害要素的各种统计特征，其中概率分布特征是不考虑时间变量的、最基本的“静态”统计特征。由于各种灾害致灾因子的物理属性、地理分布、季节变化等都有很大的差异，它们的概率分布可能属于不同的形式。

现行的单要素频率分析主要采用单变量概率分布。本节主要介绍几种常见的单变量分布模型。

（1）正态分布（normal distribution），又称为高斯分布（Gaussian distribution）。科学实验中很多随机变量的概率分布都可以近似地用正态分布来描述，是社会生活中应用最广泛的一种分布。正态分布具有很好的统计学特征和良好的特性，很多概率分布都可以用它来近似。一些常用的概率分布，如多数正态分布、t 分布、F 分布，都可以由它直接推导出来的。正态分布的概率密度函数（PDF）为

$$f(x|\mu,\ \sigma)=\frac{1}{\sqrt{2\pi}\sigma}\mathrm{e}^{\frac{-(x-\mu)^2}{2\sigma^2}},\quad -\infty<x<+\infty \tag{2-5}$$

式中，$\mu$ 为遵从正态分布的随机变量的均值；$\sigma^2$ 为随机变量的方差；$\pi$ 为常数。因此，正态分布的特点是，当随机变量取均值附近的值时，概率比较大，$x$ 离均值越远，发生的概率越小。$\sigma^2$ 越小，分布越集中；$\sigma^2$ 越大，分布越分散。其累计分布函数（CDF）为

$$F(x|\mu,\ \sigma)=\frac{1}{\sqrt{2\pi}\sigma}\int_{-\infty}^{x}\mathrm{e}^{\frac{-(x-u)^2}{2\sigma^2}}\mathrm{d}x \tag{2-6}$$

（2）指数分布（exponential distribution）：是一种连续概率分布。指数分布可以用来表示独立随机事件发生的时间间隔，它是 Gamma 分布和 Weibull 分布的特殊情况。指数分布的概率密度函数（PDF）为

$$f(x|\alpha,\ \mu)=\frac{1}{\mu}\mathrm{e}^{\frac{-(x-\alpha)}{\mu}},\quad x>0 \tag{2-7}$$

式中，$\alpha$ 和 $\mu$ 分别为指数分布的位置参数和尺度参数。其累计分布函数（CDF）为

$$F(x|\alpha,\ \mu)=\int_{0}^{x}\frac{1}{\mu}\mathrm{e}^{\frac{-(x-\alpha)}{\mu}}\mathrm{d}x \tag{2-8}$$

（3）威布尔分布（Weibull distribution）。威布尔分布在1939年由瑞典物理学家Wallodi Weibull引进，是进行可靠性分析和寿命检验的理论基础。Weibull分布包括一参数、二参数和三参数Weibull分布，其中三参数Weibull分布由形状参数、尺度参数和位置参数决定。形状参数决定密度曲线的基本形状，尺度参数起放大或缩小曲线的作用，但不影响曲线的形状。三参数Weibull分布的概率密度函数（PDF）为

$$f(x|m, s, \alpha) = \frac{\alpha}{s}\left(\frac{x-m}{s}\right)^{\alpha-1}\exp\left[-\left(\frac{-(x-m)}{s}\right)^{\alpha}\right], \quad x \geqslant m; s, \alpha > 0 \tag{2-9}$$

式中，$\alpha$为形状参数；$m$为位置参数；$s$为尺度参数。当$m=0$，$s=1$时，式（2-9）变为标准Weibull分布；当$m=0$时，式（2-9）变为二参数Weibull分布。其累计分布函数（CDF）为

$$F(x|m, s, \alpha) = \int_0^x \frac{\alpha}{s}\left(\frac{x-m}{s}\right)^{\alpha-1}\exp\left[-\left(\frac{-(x-m)}{s}\right)^{\alpha}\right]dx \tag{2-10}$$

（4）Logistic分布。Logistic分布的形状和正态分布十分相似，都为钟形，它的形状也由两个参数（位置参数$\mu$，尺度参数$s$）决定，当$\mu$减小时，其概率密度函数曲线向左移动；$\mu$增大时，其概率密度函数曲线向右移动。当$s$减小时，其概率密度函数曲线向均值靠拢；$s$增大时，其概率密度函数曲线远离均值，函数形状变矮变宽。Logistic分布的概率密度函数（PDF）为

$$f(x|\mu, s) = \frac{1}{s}e^{\frac{-(x-\mu)}{s}}\left(1+e^{\frac{-(x-\mu)}{s}}\right)^{-2}, \quad -\infty < x < +\infty \tag{2-11}$$

其累计分布函数（CDF）为

$$F(x|\mu, s) = \int \frac{1}{s}e^{\frac{-(x-\mu)}{s}}\left(1+e^{\frac{-(x-\mu)}{s}}\right)^{-2}dx \tag{2-12}$$

（5）Gamma分布。Gamma函数中$r$为形状参数、$s$为尺度参数。当$r$为正整数时，分布可看作$r$个独立的指数分布之和，当$r$趋向于较大数值时，分布近似于正态分布。Gamma分布的概率密度函数（PDF）为

$$f(x|s, r) = \frac{1}{s^r\Gamma(r)}x^{r-1}e^{-\frac{x}{s}} \tag{2-13}$$

其累计分布函数（CDF）为

$$F(x|s, r) = \int s^{-r}x^{r-1}\exp\left(-\frac{x}{s}\right)/\Gamma(r)dx \tag{2-14}$$

（6）极值Ⅰ型分布，也称为耿贝尔分布（Gumbel distribution）。此分布由Fisher和Tippett在1928年发现，根据极值理论导出，即各个样本最大值的分布将趋向于一个极限形式，在理论上只有3种可能的渐近分布，其中极值Ⅰ型分布在水文等极值分析方面得到广泛应用，Gumbel在1941年将这种分布应用于洪水频率分析中，是一种用来计算“多年一遇”水文气象要素的常用方法（周道成和段忠东，2003）。极值Ⅰ型分布的概率密度函数（PDF）为

$$f(x|m,\ s)=\frac{1}{s}\exp\left[\frac{-(x-m)}{s}-\exp\left(\frac{-(x-m)}{s}\right)\right] \tag{2-15}$$

其累计分布函数（CDF）为

$$F(x|m,\ s)=\int\frac{1}{s}\exp\left[\frac{-(x-m)}{s}-\exp\left(\frac{-(x-m)}{s}\right)\right]\mathrm{d}x \tag{2-16}$$

目前，拟合变量分布模型的方法主要有两种：参数方法和非参数方法（邢郦，2004）。本书运用常用的参数方法来确定单变量的边缘分布形式。所谓参数方法就是首先假定统计变量服从某种分布，然后根据实际统计的该变量数据估算出假定分布函数参数值的方法（Barry et al.，2004）。例如，我们假定日平均风速服从正态分布，则只需用统计的平均风速序列计算出均值和方差两个参数的值，就可以得到正态分布的概率密度。该方法适用于样本量较小的情况。单变量分布的参数估计方法已有不少的书籍介绍，主要有矩阵法、极大似然法、概率权重矩法和设计值的推求法等，本节不再一一介绍，读者可参考有关文献（宋松柏，2012；黄崇福，2012；陈璐，2013）。

## 2.3 单变量分布的拟合优度检验

对于初步选择出的拟合效果较好的几种分布类型，差别非常小，究竟哪种分布能够最好地拟合变量的实际分布，需要通过严格的数理检验来选择。在计量经济学中，常常通过拟合优度检验（goodness-of-fit test）来判断一组数据是否服从于某种分布。它的基本原理是通过比较样本理论分布曲线和经验分布曲线之间差异的大小，来判断所选分布类型是否能够对样本的实际观测值进行很好的拟合。比较常用的拟合优度检验方法有Q-Q图法、Kolmogorov-Smirnov（K-S）检验、卡方检验和Anderson-Darling（A-D）检验。Q-Q图的优点是可以直观地看出拟合程度的优劣，但是对于拟合效果差别不大的情况，此法不再适用。卡

方拟合优度检验属于定量化的检验方法，适用范围很广，可用于连续性分布和Possion 分布、二项分布等离散分布的检验。但是，卡方检验的结果受观测值分组大小的影响很大，并且要求样本量要足够大。与卡方检验相比，K-S 检验对样本量要求宽松很多，检验结果也要精确很多，但是该检验方法也存在很多缺点。首先，该方法的检验结果对样本分布中间的数据较为敏感，对尾部数据的作用很小；其次，该方法仅适用于连续分布的检验；再次，检验必须自己指定假设分布的理论参数。以上三点限制了 K-S 检验的使用。由于 K-S 检验的缺点，国内外许多学者都倾向于选择 A-D 检验，A-D 检验是对 K-S 检验的一种修正和加强，相比 K-S 检验具有更灵敏的优势，也加重了对样本分布尾部数据的考量。

# 3 多维的概率风险分析方法

构建多维联合分布函数是进行自然灾害概率风险分析计算的前提和核心内容，也是最近几年的热点问题，国内外学者对此进行了深入的研究和探索。目前两变量联合分布的研究比较多，应用也比较成熟，但对于三变量及以上的联合分布研究和应用还比较少见。

常见的多维联合分布方法主要有基于正态变换的 Moran 法、将多维分布转化成一维的费永法（FEI）法、不需要假设分布总体的 FGM 方法、基于经验频率分析的 EFM 方法、理论导出的二维 P-Ⅲ联合分布的 TAN 方法和非参数法等，也有一些学者对 Copula 函数法建立联合概率分布进行了探索。初始阶段主要采用多元概率分布函数的方法，20 世纪 90 年代，非参数方法因构造简单，计算简便，得到了广大学者的青睐。21 世纪以来，国内对 Copula 方法及其应用也广泛关注，并开始引入灾害学相关领域。从此，多维概率风险分析与计算进入了一个崭新的阶段。

本章在介绍 Copula 理论的定义、基本性质、相关原理定理的基础上，给出 Copula 函数的分类和构建步骤。探讨基于 Copula 函数的相关性度量方法和函数模型构建过程中常用的参数估计及拟合优度评价方法。最后介绍二维和三维的联合概率分布和不同重现期的表达。

## 3.1 多维分析方法及评述

多元正态分布是最常用的多元分布函数。除此之外，Moran 法、FEI 法等也被用于多变量分析计算中，以下给出几种常用的多元分布函数。

**1）Moran 法**

对于变量边缘分布都是正态分布的类型，运用 Moran 法建立联合分布比较容易，但对于非正态分布的情况，联合分布建立求解比较困难，需要先把边缘分布转换为正态分布，再进行求解。

其多维联合密度函数如下：

$$f(x_1, x_2, \cdots, x_n) = \frac{1}{(2\pi)^{n/2} \sum^{1/2}} \exp\left[-\frac{1}{2} x - \mu^{\mathrm{T}} \sum{}^{-1} x - \mu\right] \quad (3\text{-}1)$$

式中，$x_1$，$x_2$，…，$x_n$ 为正态分布的变量；$\sum$为协方差矩阵；$\mu = (\mu_1, \mu_2, \cdots, \mu_n)^{\mathrm{T}}$，$x = (x_1, x_2, \cdots, x_n)^{\mathrm{T}}$。

常用的正态变换方法有 Box-Cox 变换和多项式正态变换 PNT（梁忠民和戴昌军，2005；戴昌军和梁忠民，2006）。Moran 法在计算过程中需要对数据进行转换处理，计算量大且比较复杂，在数据转换过程中难免会使一些信息失真。

**2）费永法法（FEI）**

费永法（1989，1995）先后提出将二维或是多维随机变量转换为一维随机变量的计算方法，并以洪水为例，运用费永法法计算了多条河流的洪水遭遇概率和丰枯遭遇频率，针对计算结果，对此方法进行了不断的改进。

多维联合分布的计算公式为

$$P(X_1 \geqslant x_1, X_2 \geqslant x_2, \cdots, X_n \geqslant x_n) = P(Z \geqslant z) \quad (3\text{-}2)$$

随机变量 $Z$ 的系列为：$Z_k = \min(x_{1k}, x_{2k} + a, \cdots, x_{nk} + a_n)$，$P(Z \geqslant z)$。计算可以采用经验频率或非参数统计方法。同理，可以得到另外一种形式的计算公式：

$$P(X_1 \leqslant x_1, X_2 \leqslant x_2, \cdots, X_n \leqslant x_n) = P(Z \leqslant z) \quad (3\text{-}3)$$

式中，$Z_k = \max(x_{1k}, x_{2k} + a, \cdots, x_{nk} + a_n)$。

这种方法计算相对简单，但想要用精确的数学表达式表示联合概率密度函数，目前还有一定的难度。因此，也使概率分布曲线的外延精度受到限制（谢华，2014）。

**3）FGM 法**

FGM 法适用于两变量间存在弱相关关系的情况下建立联合分布，计算比较简便。联合概率密度函数表示为

$$f(x_1, x_2) = f_{x_1}(x_1) f_{x_2}(x_2) \{1 + 3\rho[1 - 2F_{x_1}(x_1)][1 - 2F_{x_2}(x_2)]\} \quad (3\text{-}4)$$

联合分布函数表示为

$$F(x_1, x_2) = F_{x_1}(x_1) F_{x_2}(x_2) \{1 + 3\rho[1 - 2F_{x_1}(x_1)][1 - 2F_{x_2}(x_2)]\} \quad (3\text{-}5)$$

式中，$f_{x_1}(x_1)$、$f_{x_2}(x_2)$ 分别为两个变量的分布密度函数；$F_{x_1}(x_1)$、$F_{x_2}(x_2)$ 分别为

两个变量的累计分布函数；$\rho$ 为相关系数，取值范围为 $[-1/3<\rho<1/3]$。FGM 方法对两变量的边缘分布类型没有限制，计算较为简便，但只能应用于相关性较弱的变量，并且暂时不具备扩展到多维的能力（戴昌军，2005）。

**4）经验频率法（EFM 法）**

EFM 法经常应用在工程实践中，当随机变量 $x_1$，$x_2$，…，$x_n$ 的系列较长并且变量的维数较少时，一般运用 EFM 法。下面以二维联合分布为例进行说明。

首先将 $X$ 和 $Y$ 的观测值分别按照升序排列，则样本观测值（$x_i$，$y_i$）的概率为

$$P(x_i,\ y_i)=P(X=x_i,\ Y=y_i)=n_{ij}/(N+1) \tag{3-6}$$

式中，$N$ 为样本个数；$n_{ij}$ 为观测值（$x_i$，$y_i$）发生的次数。

累计经验概率为

$$F(x_i,\ y_i)=P(X\leqslant x_i,\ Y\leqslant y_i)=\sum_{m=1}^{i}\sum_{n=1}^{i}n_{imn}/(N+1) \tag{3-7}$$

EFM 法因其原理通俗易懂、计算过程简单而被广泛应用。但是这种方法只能对实际观测资料进行分析，不具备外延能力。当实际观测数据较少或者中间有缺失时，不能运用这种方法（戴昌军，2005）。

**5）非参数法**

非参数法最近几年发展很快，该方法是由数据驱动，不需要假定水文变量的分布形式，从而避开了频率计算中的线型选择问题，克服了常规方法中模型选择的主观性，相对真实地反映了变量的客观情况。其中，应用较多的就是非参数核估计。

$$f(x_1,\ x_2,\ \cdots,\ x_n)=\frac{1}{nh^n\det\left(\sum\right)^{1/2}}\sum_{i=1}^{m}k\left(\frac{(x-\mu)^{\mathrm{T}}\sum^{-1}(x-\mu)}{h^2}\right) \tag{3-8}$$

式中，$n$ 为向量个数，$m$ 为样本数。

郭生练和叶守泽（1991）在我国历史洪水实测资料不太长的情况下，提出分别考虑历史洪水和古洪水的非参数核密度估计法；白丽等（2008）通过大量模拟试验，引用非参数核密度估计法结合再抽样法进行水文频率的研究。这些研究结果表明非参数方法的稳健性最好，其结果与各总体的较优参数估计法得出的结果近似。非参数法构造的联合分布能够很好地拟合实测数据，不需要事先假设样本的总体分布，因此具有优良的统计特性，估计的稳健性也更好，但

预测能力相对不足，并且构造的联合分布的边缘分布类型未知。

**6）Copula 函数法**

Copula 理论在 1959 年由 Sklar 提出，Copula 函数是一类将联合分布函数与它们各自的边缘分布函数连接在一起的函数，也称为连接函数（韦艳华，2004）。由于受当时科研水平和条件的限制，在 1990 年以前，Copula 理论和方法一直没有得到很好的应用，直到 1997 年才得到重视并开始应用于金融、证券及风险分析等领域（Genest，1987；Genest and Rivest，1993；Diebold et al.，1998；张尧庭，2002）。近年来，随着金融全球化的步伐，金融市场的风险分析发展迅速，原有的一些分析方法特别是基于一元建模或线性相关的分析方法已经不适应这一需求，Copula 理论凭借其可以研究非线性、非对称性和尾部相关的优良特性，在国际上被迅速应用到金融、保险等领域的相关分析、投资组合分析、保险定价和风险管理及防范等多个方面（韦艳华等，2003）。21 世纪以来，国内对 Copula 方法及其应用也引起了广泛关注，在 2006 年左右开始引入地学相关研究领域。

在水文领域，美国土木工程协会主办的 *Journal of Hydrologic Engineering* 在 2007 年第 4 期对 Copula 函数理论与方法及在水文中的应用作了专刊介绍。Favre 等（2004）探讨 Copula 函数在多维极值分布建模中的应用，并进行洪峰和洪量的联合分布分析。Zhang（2005）、Zhang 和 Singh（2007）及 Shiau（2003，2006）应用 Copula 函数对静态与非静态的洪水和枯水期进行两变量的频率分析，对河道中流速、水深和水质进行简单的多变量分析。Grimaldi 和 Serinaldi（2006）基于三维非对称式 Copula 函数分析洪水频率，并对不同的 Copula 函数模型拟合结果进行比较研究。Kao 和 Govindaraju（2008）利用 Plachett Copula 函数对降水极值事件进行了三维分析，研究结果表明，Plachett Copula 函数可以用于分析降水的二维和三维联合分布。de Michele 等（2005）运用二维 Archimedean Copula 函数随机模拟洪峰和洪量来检验大坝溢洪道的安全性。肖义（2007）对 Copula 函数理论方法进行回顾，并基于 Copula 函数对多变量水文事件包括设计洪水过程线、洪水过程随机模拟及分期设计洪水进行深入系统的研究。Genest 等（2007，2009）研究大量的相关性方程及相关的 Copula 函数的参数估计及拟合度评价，并将 Meta 椭圆型 Copula 函数应用于年度春季洪水的洪峰、洪量和历时联合分布的建立。

2001 年，Shiau 首次将 Copula 方法应用到干旱研究上，建立干旱历时和干旱烈度的联合分布。随后，Shiau 等（2007）、闫宝伟等（2007）分别利用 Copula 函数对黄河流域和汉江上游地区的干旱特征进行联合分析。袁超（2008）、张雨和宋松柏（2010）采用7 种单参数族 Copula 函数，建立干旱特征变量之间的联合分布，进行不同函数模型的比较，并对渭河流域干旱灾害的重现期进行计算。马明卫和宋松柏（2010）运用椭圆型 Copula 函数计算西安站干旱发生的联合概率、条件概率和重现期，并对三维联合分布进行尝试。陆桂华等（2010）运用 Copula 函数，建立区域干旱历时和干旱强度的联合分布，计算相应的重现期，并对实际重现期作了区间估计。

李彦恒等（2008）通过两个概率地震危险性分析模型的相互依赖性建立联合分布函数，使两个模型结合起来，对地震的危险性进行分析。Katsuichiro 和 Jiandong（2010）将 Copula 函数应用到地震损失评估中，通过分析地震损失的边缘分布函数，建立建筑物倒塌和基础设施损坏的联合分布，对地震损失进行简单的评估。王沁等（2010）采用两步法，针对云南东川蒋家沟流域的降雨量与土壤饱和度，建立边缘为皮尔逊Ⅲ型的 Clayton Copula 模型，较好地模拟出流域内土壤饱和度在降雨情况下逐日变化情况，为分析泥石流灾害的发生提供一种新思路。

Copula 函数理论构建联合概率分布时不限制边缘分布的类型，灾害事件的各项致灾因子和特征变量之间往往存在不同程度的相关性，Copula 函数理论正是描述变量间不同相关结构的有效方法。目前，Copula 函数模型在自然灾害相关领域的研究仍处于初步探索阶段，洪水、干旱等方面的应用都只是简单的计算，由于成灾机理的复杂性，还未深入到致灾因子和成灾机理的分析层面，也没有和风险分析建立起联系。随着自然灾害的频发和复杂化，Copula 函数在多维联合概率分析中的应用有待进一步挖掘。它不限制边缘分布类型，容易扩展到多维，能够灵活方便地构造多维联合分布，使它具有非常大的应用潜力，必将成为未来多变量研究的选择。

## 3.2 联合分布理论及联结函数

“Copula”是一个拉丁词汇，本意是“连结、结合和交换”的意思，是连结一维边际分布形成在［0，1］上的多元分布函数，也是多元极值理论相依性函数（dependence function）的度量方法。Copula 理论可以追溯到 1959 年，Sklar 通过定理形式提出，可以将一个联合分布分解为 $n$ 个边缘分布和一个 Copula 函数，这个 Copula 函数描述了这 $n$ 个变量间的相关结构。由此可以看出，Copula 函数实际上是一类将变量的边缘分布函数和它们的联合分布连接在一起的函数，因此，也称它为联结函数（张尧庭，2002）。

### 3.2.1 Copula 函数的定义和相关定理

**定义 3-1** 设 $X$ 是一个随机变量，$x$ 的定义域为 $\overline{R}$（Nelsen，1998），那么函数

$$F(x)=P\{X\leqslant x\},\quad -\infty<x<\infty \tag{3-9}$$

称为 $X$ 的分布函数，如果 $X$ 是连续的随机变量，$F(x)$ 也称为它的边缘分布函数。$F(x)$ 具有以下性质：

（1）$F(x)$ 是非减的。

（2）$0\leqslant F(x)\leqslant 1$，且 $F(-\infty)=0$，$F(\infty)=1$。

**定义 3-2** $N$ 元 Copula 函数是指具有以下性质的函数 $C$（Nelsen，1998）：

（1）$C=I^N=[0,1]^N$。

（2）$C$ 对它的每一个变量都是递增的。

（3）$C$ 的边缘分布 $C_n(\cdot)$ 满足：$C_n(u_n)=C(1,\cdots,1,u_n,1,\cdots,1)=u_n$，其中 $u\in[0,1]$，$n\in[1,N]$。

显然，若 $F_1(x_1)$，$F_2(x_2)$，…，$F_N(x_N)$ 是一元分布函数，令 $u_n=F_n(x_n)$ 是一随机变量的边缘分布函数，则 $C(F_1(x_1),F_2(x_2),\cdots,F_N(x_N))$ 是一个具有边缘分布函数 $F_1(x_1)$，$F_2(x_2)$，…，$F_N(x_N)$ 的多元分布函数。

定理：Sklar 定理是 Copula 理论的基石，也是 Copula 理论应用的基础，因为 Sklar 定理阐明了 Copula 函数在构建多元函数的联合分布的重要作用。

令 $F$ 为具有边缘分布 $F_1(x_1)$，$F_2(x_2)$，…，$F_N(x_N)$ 的联合分布函数，那么存在一个 $n$-Copula 函数 $C$，满足：

$$F(x_1,x_2,\cdots,x_N)=C(F_1(x_1),\cdots,F_n(x_n),\cdots,F_N(x_N)) \tag{3-10}$$

若 $F_1(x_1)$，$F_2(x_2)$，…，$F_N(x_N)$ 连续，则 $C$ 唯一确定；反之，若 $F_1(x_1)$，$F_2(x_2)$，…，$F_N(x_N)$ 为一元分布，$C$ 为相应的 Copula 函数，那么由

式（3-1）定义的函数 $F$ 是具有边缘分布 $F_1(x_1)$，$F_2(x_2)$，…，$F_N(x_N)$ 的联合分布函数。

推论：令 $F$ 是具有边缘分布 $F_1(x_1)$，$F_2(x_2)$，…，$F_N(x_N)$ 的联合分布函数，$C$ 为相应的 Copula 函数，$F_1^{(-1)}(x_1)$，$F_2^{(-1)}(x_2)$，…，$F_N^{(-1)}(x_N)$ 分别为 $F_1(x_1)$，$F_2(x_2)$，…，$F_N(x_N)$ 的伪逆函数，那么对于函数 $C$ 定义域内的任意 $(u_1, u_2, \cdots, u_N)$，均有

$$C(u_1, u_2, \cdots, u_N) = F[F_1^{(-1)}(u_1), F_2^{(-1)}(u_2), \cdots, F_N^{(-1)}(u_N)] \quad (3\text{-}11)$$

与二元分布函数类似，通过 Copula 函数 $C$ 的密度函数 $c$ 和边缘分布 $F_1(x_1)$，$F_2(x_2)$，…，$F_N(x_N)$，可以方便地求出 $N$ 元分布函数 $F(x_1, x_2, \cdots, x_N)$ 的密度函数：

$$f(x_1, x_2, \cdots, x_N) = c[F_1(x_1), F_2(x_2), \cdots, F_N(x_N)]\prod_{n=1}^{N} f_n(x_n) \quad (3\text{-}12)$$

式中，$c(u_1, u_2, \cdots, u_N) = \dfrac{\partial C(u_1, u_2, \cdots, u_N)}{\partial u_1, \partial u_2, \cdots, \partial u_N}$，$f(x_1, x_2, \cdots, x_N)$ 是边缘分布 $F_1(x_1)$，$F_2(x_2)$，…，$F_N(x_N)$ 的密度函数。

由以上定义和定理可以看出，Copula 函数为求多维联合分布提供了一条便捷的途径，也为在不研究各变量边缘分布的情况下进行多元分布相依结构分析提供了可能。利用 Copula 函数，不仅可以描述变量间非线性、非对称以及尾部相关关系，还可以将边缘分布和变量间的相关结构分开研究，减小了多维概率模型建模的难度，并使建模和分析过程更加清晰明了。

在实际应用中，可以根据不同的各种边缘分布选择相应的 Copula 函数灵活地构造多元联合分布。Copula 函数中，单参数的 Archimedean 族 Copula 函数由于灵活多变，计算简单，容易扩展到 $N$ 元情景等特征，应用最为广泛。常用的单参数 Archimedean 族 Copula 函数有 22 种，分别适用于不同的相关类型和边缘分布类型，可以通过变量间的相关性度量和拟合优度评价来选择最优的 Copula 函数（韦艳华和张世英，2008）。Genest 和 Rivest（1993）、Frees 和 Valdez（1998）等对几种重要的二元 Archimedean 族 Copula 函数及其母函数 $\varphi(\cdot)$ 作了详细介绍。

**定义 3-3** Genest 和 Mackay（1986）给出了 Archimedean Copula 函数的定义：

$$C(u_1, u_2, \cdots, u_N) = \phi^{-1}[\phi(u_1) + \phi(u_2) + \cdots + \phi(u_N)] \quad (3\text{-}13)$$

式中，函数 $\varphi$（·）称为 Archimedean Copula 函数 $C$（·，…，·）的母函数，它满足下面的条件：$\sum_{n=1}^{N}\varphi(u_n)\leqslant\varphi(0)$，对任意$0\leqslant u\leqslant 1$，有$\varphi(1)=0$，$\varphi'(u)<0$，$\varphi''(u)>0$，即 $\varphi(u)$ 是一个凸的减函数。

由此可见，Archimedean Copula 函数是由相应的母函数唯一确定的，如 Gumbel Copula 函数的母函数为 $\varphi(u)=(-\ln u)^{1/\theta}$，$0<\theta\leqslant 1$；Clayton Copula 函数的母函数为 $\varphi(u)=u^{-\theta}-1$，$\theta>1$。从 Archimedean Copula 函数的表达式可以看出，Archimedean Copula 函数具有很多优良的特性：①对称性，即 $C(u,v)=C(v,u)$；②可结合性，如 $C[u_1,C(u_2,u_3)]=C[C(u_1,u_2),u_3]$（Bouyé et al，2000）；③单参数的 Archimedean Copula 函数计算简单。因此，Archimedean Copula 函数在实际应用中占有非常重要的地位。

### 3.2.2 Copula 函数的基本性质

令 $u$，$v$，$w$ 分别代表各变量的边缘分布函数，以二维 Copula 函数 $C$：$[0,1]^2\rightarrow[0,1]$为例，它满足以下的性质（Nelsen，1998）：

（1）对于 $u$ 和 $v$，$C(u,v)$ 都是递增的，即若保持其中一个边缘分布不变，$C(u,v)$ 将随另一个边缘分布的增大而增大。

（2）对于 $u\in[0,1]$，$v\in[0,1]$，有

$$C(u,0)=C(0,v)=0;\ C(u,1)=u;\ C(1,v)=v \tag{3-14}$$

式（3-14）表示，只要两个变量中一个边缘分布发生概率为 0，相应的联合分布发生概率也为 0；当其中一个边缘分布为 1 时，则联合分布等于另一个边缘分布。

（3）对于 $u_1\in[0,1]$，$u_2\in[0,1]$，$v_1\in[0,1]$，$v_2\in[0,1]$，且 $u_1\leqslant u_2$，$v_1\leqslant v_2$，那么：

$$C(u_2,v_2)-C(u_2,v_1)-C(u_1,v_2)+C(u_1,v_1)\geqslant 0 \tag{3-15}$$

即若 $u$，$v$ 的值同时增大，则相应的联合分布的值也随之增大。

（4）对任意的 $u_1\in[0,1]$，$u_2\in[0,1]$，$v_1\in[0,1]$，$v_2\in[0,1]$，有

$$|C(u_2,v_2)-C(u_1,v_1)|\leqslant|u_2-u_1|+|v_2-v_1| \tag{3-16}$$

（5）若 $u$ 和 $v$ 独立，则 $C(u,v)=uv$。

其中性质（1）、（2）、（5）也适用于三维甚至更高维的情况，但性质（3）和（4）只有在二维的情况下才成立。

(6) 对于二维 Archimedean Copula 函数 $C$：

第一，$C$ 是对称的，即

$$C(u, v) = C(v, u), \ \forall u, v \in [0, 1] \tag{3-17}$$

第二，$C$ 是结合的，即

$$C[C(u, v), w] = C[u, C(v, w)], \ \forall u, v, w \in [0, 1] \tag{3-18}$$

### 3.2.3 Copula 函数的构建步骤

应用 Copula 联结函数方法建立联合分布，主要包括以下几个步骤：①根据各变量的观测值序列，确定各变量的分布类型并进行参数估计。②进行变量间的相关性度量。③根据相关性结构，初步选择合适的 Copula 函数并进行参数估计。④拟合优度检验，选定最优的 Copula 函数模型。根据变量间的相关性度量选择 Copula 函数构建联合分布时，可能适合的 Copula 函数不止一个。此时，需根据拟合优度检验选定最优的 Copula 函数。⑤建立联合分布。具体流程如图 3-1 所示。

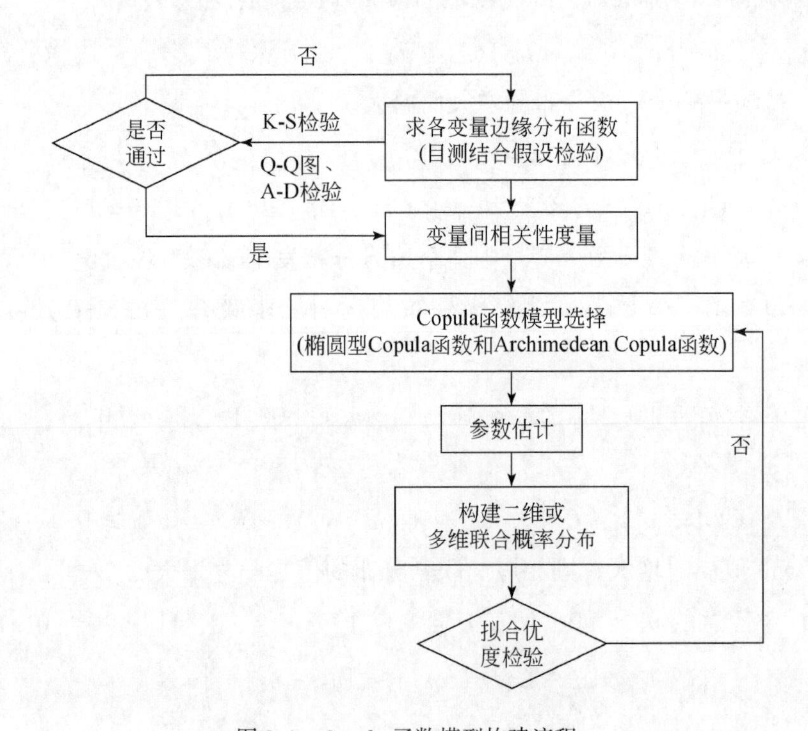


图 3-1　Copula 函数模型构建流程

## 3.3 Copula 联结函数的分类

从 Copula 函数的定义可以知道，许多函数可以作为 Copula 函数。目前研究最多的是两类 Copula 函数：椭圆型 Copula 函数和 Archimedean Copula 函数。

椭圆型 Copula 函数包括正态 Copula 函数和 $t$-Copula 函数。

二维正态 Copula 函数的形式是

$$C_R^{Ga}(u, v) = F_R[F^{-1}(u), F^{-1}(v)]$$

式中，$F_R$为相关系数为 $R$ 的二维标准正态分布函数，$F^{-1}$为一维标准正态分布函数的反函数。

$t$-Copula 函数的形式为

$$C_{g, R'}(u, v) = t_{g, R}^n[t_g^{-1}(u), t_g^{-1}(v)]$$

式中，$t_{g, R}^n$表示自由度为$\gamma$，相关系数为$R$ 的二维标准$t$ 分布函数；$t_g^{-1}$为自由度为$\gamma$ 的一维标准 $t$ 分布函数。

**定义 3-4** 设 $\varphi$ 是一个严格递减的连续函数，其定义域为 $I$，值域为 $(0,+\infty)$，且 $\varphi(1)=0$，令 $\varphi^{[-1]}(t)=\begin{cases}\varphi^{(-1)}(t) & 0\leqslant t\leqslant\varphi(0)\\ 0 & \varphi(0)\leqslant t\leqslant+\infty\end{cases}$，则称函数

$$C(u, v) = \varphi^{[-1]}[\varphi(u) + \varphi(v)] \tag{3-19}$$

为 Archimedean Copula 函数，称$\varphi$ 为生成元。如果$\varphi(0)=+\infty$，则称$\varphi$ 为严格生成元。此时，$\varphi^{[-1]}(t)=\varphi^{-1}(t)$，由式（3-19）定义的 Copula 函数为严格 Archimedean Copula 函数（王丽芳，2012）。

常见的 Archimedean Copula 函数如表 3-1 所示。

**表 3-1 几种常用的 Archimedean Copula 函数**

| Copula 函数 | 生成元 | $C_\theta(u, v)$ | 参数区间 |
|---|---|---|---|
| Gumbel-Hougaard | $\varphi(t)=(-\ln t)^\theta$ | $\exp(-[(-\ln u)^{1/\theta}+(-\ln v)^{1/\theta}]^\theta)$ | $\theta\in(0, 1]$ |
| Clayton | $\varphi(t)=t^{-\theta}-1$ | $(u^{-\theta}+v^{-\theta}-1)^{-1/\theta}$ | $\theta\in(0, \infty)$ |
| Frank | $\varphi(t)=-\ln\frac{e^{-\theta t}-1}{e^{-\theta}-1}$ | $-\frac{1}{\theta}\ln(1+\frac{(e^{-\theta u-1})(e^{-\theta v-1})}{e^{-\theta}-1})$ | $\theta\in(-\infty, \infty)\setminus\{0\}$ |
| Ali-Mikhail-Haq | $\varphi(t)=\ln\frac{1-\theta(1-t)}{t}$ | $uv/[1-\theta(1-u)(1-v)]$ | $\theta\in[-1, 1)$ |

资料来源：Bastian er al.，2010

## 3.4 变量间相关性度量指标

对于相互独立的事件，其联合分布的概率可以直接用两事件的概率乘积表示。然而对于事件之间存在相关性的情况，此方法不再适合。不同的 Copula 函数用来描述变量间不同的相关结构，由于灾害的各个变量间往往存在不同的相关性，运用 Copula 函数模型构建联合分布时，需要先对变量之间的相关性进行度量。

变量间的相关性可以由多种指标度量，常用的度量指标有 Pearson 线性相关系数、Kendall 秩相关系数、Spearman 秩相关系数、尾部相关系数等。不同的度量指标从不同的角度表征灾害变量间的相关性。本节仅介绍主要的几种指标的定义及其计算方法。

### 3.4.1 Kendall 秩相关系数 $\tau$

考察两个变量之间的相关性时，最简单直观的方法就是看它们的变化趋势是否一致。若一致，表明变量间存在正相关；若相反，表明变量间存在负相关，由此建立一致性与相关性测度的联系。令 $(x_1, y_1)$ 和 $(x_2, y_2)$ 为随机变量 $(X, Y)$ 的两组观测值，如果 $(x_1 < x_2)$ 且 $(y_1 < y_2)$，或者 $(x_1 > x_2)$ 且 $(y_1 > y_2)$，即 $(x_1 - x_2)(y_1 - y_2) > 0$，则称 $(x_1, y_1)$ 与 $(x_2, y_2)$ 是一致的；类似的，如果 $(x_1 < x_2)$ 且 $(y_1 > y_2)$，或者 $(x_1 > x_2)$ 且 $(y_1 < y_2)$，即 $(x_1 - x_2)(y_1 - y_2) < 0$，则称 $(x_1, y_1)$ 与 $(x_2, y_2)$ 是不一致的。

设 $(x_1, y_1)$ 和 $(x_2, y_2)$ 是独立同分布的变量，$x_1, x_2 \in x$，$y_1, y_2 \in y$，令

$$\tau = P[(x_1 - x_2)(y_1 - y_2) > 0] - P[(x_1 - x_2)(y_1 - y_2) < 0] \tag{3-20}$$

证明：

$$\tau = 2P[(x_1 - x_2)(y_1 - y_2) > 0] - 1 \tag{3-21}$$

显然，$\tau \in [-1, 1]$，同时对严格单调增的函数 $s(\cdot)$ 和 $t(\cdot)$，有

$$[s(x_1) - s(x_2)][t(y_1) - t(y_2)] > 0 \Leftrightarrow (x_1 - x_2)(y_1 - y_2) > 0 \tag{3-22}$$

因此，$\tau$ 值对严格单调增的变换是不变的，这就充分说明了 $\tau$ 作为相关性测度所具有的优点。

根据 $\tau$ 的定义，若用 $\tau$ 来度量随机变量 $X$, $Y$ 的相关程度，则：

当$\tau=1$时，表明$X$的变化和$Y$的变化完全一致，$X$与$Y$正相关；

当$\tau=-1$时，表明$X$的变化和$Y$的反向变化完全一致，$X$与$Y$负相关；

当$\tau=0$时，表明$X$的变化和$Y$的变化一半是一致的，一半是相反一致的，因此不能够判断$X$与$Y$是否相关。

若$F(x)$、$G(y)$分别为随机变量$X$，$Y$的边缘分布，相应的Copula函数为$C(u, v)$，则Kendall秩相关系数$\tau$可由$C(u, v)$给出（Schwettzer and Wolff, 1981）：

$$\tau = 4 \int_{[0,1]^2} C(u, v)\mathrm{d}C(u, v) - 1 \tag{3-23}$$

### 3.4.2 Spearman秩相关系数$\rho$

Spearman秩相关系数是另一种关于一致性的相关性测度指标。假定$(x, y)$和$(x_0, y_0)$是独立同分布的变量，设$(x, y)$有联合分布$H(x, y)$，它们的边缘分布分别为$F(x)$、$G(y)$，$x_0 \in x$，$y_0 \in y$，且$(x_0, y_0) \sim F(x)G(y)$，即$x_0$、$y_0$独立。令

$$\rho = 3\{P[(x - x_0)(y - y_0) > 0] - P[(x - x_0)(y - y_0) < 0]\} \tag{3-24}$$

因此，$[(x - x_0)(y - y_0) > 0]$表示$(x, y)$的变化与独立的$x_0$，$y_0$变化相一致，这个概率的大小自然也反映了一种相关性。显然，它也是对严格单调增的变换是不变的，因而Spearman秩相关系数$\rho$也可以用Copula函数表示（Schwettzer and Wolff, 1981）：

$$\rho = 12\int_{[0,1]^2} uv\mathrm{d}C(u, v) - 3 = 12\int_{[0,1]^2} C(u, v)\mathrm{d}u\mathrm{d}v - 3 \tag{3-25}$$

式中，用$U$、$V$分别代表分布函数$F(x)$、$G(y)$，显然$U$、$V$服从$[0, 1]$上的均匀分布，$U$、$V$的联合分布为$C(u, v)$，此时$E(U)=E(V)=1/2$，$\mathrm{var}(U)=\mathrm{var}(V)=1/12$，$E(UV)=\int_0^1\int_0^1 uv\mathrm{d}C(u, v)$

由式（3-15）得

$$\begin{aligned}\rho &= 12\int_0^1\int_0^1 uv\mathrm{d}C(u, v) - 3 = 12[E(UV) - 1/4] \\ &= 12[E(UV) - E(U)E(V)] \\ &= \frac{\mathrm{cov}(UV)}{1/12} = \frac{\mathrm{cov}(UV)}{\sqrt{\mathrm{var}(U)\mathrm{var}(V)}} = \rho(U, V)\end{aligned} \tag{3-26}$$

式中，$\rho$ 为 $U$ 和 $V$ 的线性相关系数。

## 3.5 最优联结函数的识别和模型检验

对于灾害变量，它们之间的相关性是不一样的，不同的 Copula 函数，描述变量间相关性的效果也是不一样的，即具有不同的相关结构。对于不同的灾种，要选定合适的 Copula 函数，首先要对初步选定的函数进行参数估计（参数估计法见 3.5.1 节），然后识别最优的 Copula 函数。

### 3.5.1 参数估计

在建模的后期，需要对所选取的用于变量间相关性的 Copula 函数所包含的参数进行估计。对于二维的单参数 Archimedean Copula 函数，由于常见的几种函数（如 Clayton 函数、Gumbel Copula 函数，见表 3-2）的参数 $\theta$ 和 Kendall 秩相关系数 $\tau$ 之间存在明确的关系表达式，常用简便的相关性指标法进行参数估计。

**1）相关性指标法**

Copula 函数的参数与相关性指标间存在一定的关系，无论是 Kendall 秩相关系数 $\tau$ 还是 Spearman 秩相关系数 $\rho$，都可以用 Copula 函数唯一的表示（Genest et al.，2007，2009）。

$$\tau = 4\int_{[0,\ 1]^2} C(u,\ v)\mathrm{d}C(u,\ v) - 1 \tag{3-27}$$

$$\rho = 12\int_{[0,\ 1]^2} C(u,\ v)\mathrm{d}u\mathrm{d}v - 3 \tag{3-28}$$

根据式（3-18）和式（3-19），可以通过 Kendall 秩相关系数 $\tau$ 或 Spearman 秩相关系数 $\rho$ 间接计算 Copula 函数的参数 $\theta$，如表 3-2 所示。

**表 3-2 几种常用的 Archimedean Copula 函数及其参数与 Kendall's $\tau$ 的关系**

| Copula 函数 | $C_\theta(u,\ v)$ | 参数区间 | Kendall's $\tau$ 与 $\theta$ 的关系 |
| --- | --- | --- | --- |
| Gumbel-Hougaard | $\exp(-[(-\ln u)^{1/\theta}+(-\ln v)^{1/\theta}]^{\theta})$ | $\theta\in(0,\ 1]$ | $1-1/\theta$ |
| Clayton | $(u^{-\theta}+v^{-\theta}-1)^{-1/\theta}$ | $\theta\in(0,\ \infty)$ | $\theta/(\theta+2)$ |
| Frank | $-\dfrac{1}{\theta}\ln(1+\dfrac{(e^{-\theta u-1})(e^{-\theta v-1})}{e^{-\theta}-1})$ | $\theta\in(-\infty,\ \infty)\setminus\{0\}$ | $1-\dfrac{4}{\theta}\left[-\dfrac{1}{\theta}\int_{\theta}^{0}\dfrac{t}{\exp(t)-1}\mathrm{d}t-1\right]$ |

续表

| Copula 函数 | $C_\theta(u, v)$ | 参数区间 | Kendall's $\tau$ 与 $\theta$ 的关系 |
|---|---|---|---|
| Ali-Mikhail-Haq | $uv/[1-\theta(1-u)(1-v)]$ | $\theta \in [-1, 1)$ | $\left(1-\frac{2}{3\theta}\right)-\frac{2}{3}\left(1-\frac{1}{\theta}\right)^2\ln(1-\theta)$ |

资料来源：Bastian et al.，2010

然而，在 Copula 函数的参数 $\theta$ 和 Kendall 秩相关系数 $\tau$ 之间的关系不明确时，此方法不再适用，对于三维的 Copula 函数，相关性指标法也不再适用。

**2）极大似然估计法**

极大似然估计（maximum likelihood estimation method，MLE）是最常用的 Copula 模型的参数估计方法。通过极大似然函数可以同时估计边缘分布和 Copula 函数中的参数。考虑一般情况，设连续随机变量 $X$，$Y$ 的边缘分布函数分别为 $F(x;\theta_1)$ 和 $G(y;\theta_2)$，边缘密度函数分别为 $f(x;\theta_1)$ 和 $g(y;\theta_2)$，其中 $\theta_1$、$\theta_2$ 为边缘分布中的未知参数。设选取的 Copula 分布函数为 $C(u, v; \alpha)$，Copula 密度函数为 $c(u, v; \alpha)=\dfrac{\partial^2 C(u, v; \alpha)}{\partial u \partial v}$，其中 $\alpha$ 为 Copula 函数中的未知参数。则 $(X, Y)$ 的联合分布函数为

$$H(x, y; \theta_1, \theta_2, \alpha)= C[F(x;\theta_1), G(y;\theta_2); \alpha] \tag{3-29}$$

$(X, Y)$ 的联合密度函数为

$$h(x, y; \theta_1, \theta_2, \alpha)=\frac{\partial^2 H}{\partial x \partial y}= c[F(x;\theta_1), G(y;\theta_2); \alpha]$$

$$f(x;\theta_1), g(y;\theta_2) \quad i=1, 2, \cdots, n \tag{3-30}$$

可得样本 $(X_i, Y_i)(i=1, 2, \cdots, n)$ 的似然函数为

$$L(\theta_1, \theta_2, \alpha)=\prod_{i=1}^{n} h(x_i, y_i; \theta_1, \theta_2, \alpha)=\prod_{i=1}^{n} c[F(x_i;\theta_1), G(y_i;\theta_2); \alpha]$$

$$f(x_i;\theta_1), g(y_i;\theta_2) \tag{3-31}$$

于是得对数似然函数

$$\ln L(\theta_1, \theta_2, \alpha)=\sum_{i=1}^{n}\ln c[F(x_i;\theta_1), G(y_i;\theta_2); \alpha] + \sum_{i=1}^{n}\ln f(x_i;\theta_1)+\sum_{i=1}^{n}\ln g(y_i;\theta_2) \tag{3-32}$$

求解对数似然函数的最大值点，即可得边缘分布和 Copula 函数中未知参数 $\theta_1$、$\theta_2$、$\alpha$ 的极大似然估计

$$\hat{\theta}_1, \hat{\theta}_2, \hat{\alpha}=\operatorname{argmax}\ln L(\theta_1, \theta_2, \alpha) \tag{3-33}$$

**3）分步估计法（the method of inference functions for margins，IFM）**

由式（3-22）不难看出，边缘分布中的参数 $\theta_1$、$\theta_2$ 和 Copula 函数中的未知参数 $\alpha$ 可以分步进行估计，先由边缘分布利用最大似然估计求出 $\theta_1$、$\theta_2$ 的估计：

$$\hat{\theta}_1 = \operatorname{argmax} \sum_{i=1}^{n} \ln f(x_i;\ \theta_1) \tag{3-34}$$

$$\hat{\theta}_2 = \operatorname{argmax} \sum_{i=1}^{n} \ln g(y_i;\ \theta_2) \tag{3-35}$$

然后把代入式（3-22）的第 1 项中，求出 Copula 函数中的未知参数 $\alpha$：

$$\hat{\alpha} = \operatorname{argmax} \sum_{i=1}^{n} \ln c[F(x_i;\ \hat{\theta}_1),\ G(y_i;\ \hat{\theta}_2);\ \alpha] \tag{3-36}$$

### 3.5.2 Copula 函数模型的检验和评价

Copula 函数模型的检验和评价包括边缘分布模型的检验和 Copula 函数的拟合优度评价。其中边缘分布的检验主要是看所选分布模型能否很好地拟合变量的实际分布，这对接下来 Copula 函数的构建十分重要。检验的方法就是常用的 Kolmogorov-Smirnov（K-S）检验和 Q-Q 图检验。

拟合优度评价是选择 Copula 函数模型后必不可少的一个步骤。为了检验函数模型拟合的有效性，本章采用均方根误差（RMSE）、AIC 准则法和 Bias 值为指标进行拟合优劣的评价（Zhang，2005）。AIC（Akaike information criterion）是 Akaike 提出的检验 Copula 分布拟合程度的准则。AIC 值定义为变量原始观测数据点处 Copula 密度函数数值对数和的负 2 倍与 2 倍 Copula 函数相关参数数目之和。AIC 包括函数拟合的偏差和参数数量带来的不确定性。

RMSE 的计算公式如下：

$$\text{RMSE} = \sqrt{\frac{1}{n-1} \sum_{i=1}^{n} (Pe_i - P_i)^2} \tag{3-37}$$

AIC 的表达式为

$$\text{MSE} = \frac{1}{n-1} \sum_{i=1}^{n} (Pe_i - P_i)^2 \tag{3-38}$$

$$\text{AIC} = n\ln(\text{MSE}) + 2m \tag{3-39}$$

AIC 法是建立在信息度量基础上的判断方法，它适用于检验利用极大似然估计法得到的 Copula 模型。

Bias 的表达式为

$$\text{Bias} = \sum_{i=1}^{n}\left(\frac{Pe_i - P_i}{Pe_i}\right) \tag{3-40}$$

式中，$n$ 为样本数；$m$ 为模型参数个数；$P_{e_i}$、$P_i$分别为联合分布的经验概率和理论计算概率。RMSE、AIC 和 Bias 的值越小，表示 Copula 函数的拟合程度越好。

## 3.6 联合概率分布和重现期

已知变量 $x$、$y$、$z$ 的边缘分布函数分别为 $F_X(x)$、$F_Y(y)$、$F_Z(z)$，将其表示为 $u$、$v$、$w$；$N$ 为灾害的时间序列长度（年）；$n$ 为发生灾害事件发生的次数；$L$ 为灾害事件发生的间隔时间（以年为单位）；$E$（$L$）为灾害事件发生的平均间隔时间，为 $N/n$。

### 3.6.1 单变量重现期

对于灾害事件来说，重现期 $T$ 是指事件 $X \geqslant x$ 发生的平均长度，即超过概率 $F'_X(x)$ 的倒数。传统的基于单变量的重现期计算公式为

$$T_X = \frac{E(L)}{1 - F_X(x)} \quad F_X(x) = \Pr[X \leqslant x] \tag{3-41}$$

单变量 $y$，$z$ 同理。

### 3.6.2 二维联合概率和重现期

根据 Copula 函数的定义，二维联合分布的公式如下：

$$F(x, y) = P(X \leqslant x, Y \leqslant y) = C[F_X(x), F_Y(y)] = C(u, v) \tag{3-42}$$

二维联合超越概率为

$$\begin{aligned} P(X \geqslant x, Y \geqslant y) &= 1 - F_X(x) - F_Y(y) + C[F_X(x), F_Y(y)] \\ &= 1 - u - v + C(u, v) \end{aligned} \tag{3-43}$$

二维联合重现期和同现重现期分别为

$$\begin{aligned} T(x, y) &= \frac{E(L)}{P(X \geqslant x \cup Y \geqslant y)} = \frac{E(L)}{1 - F(x, y)} \\ &= \frac{E(L)}{1 - C[F_X(x), F_Y(y)]} = \frac{E(L)}{1 - C(u, v)} \end{aligned} \tag{3-44}$$

$$T'(x, y) = \frac{E(L)}{P(X \geqslant x \cap Y \geqslant y)}$$

$$= \frac{E(L)}{1 - F_X(x) - F_Y(y) + F(x, y)}$$

$$= \frac{E(L)}{1 - F_X(x) - F_Y(y) + C[F_X(x), F_Y(y)]}$$

$$= \frac{E(L)}{1 - u - v + C(u, v)} \tag{3-45}$$

二维条件概率与条件重现期的公式为：

（1）给定 $Y \geqslant y$ 条件时，$X$ 的条件概率分布和相应的条件重现期为

$$F_{X|y}(x, y) = P(X \leqslant x | Y \geqslant y) = \frac{P(X \leqslant x, Y \geqslant y)}{P(Y \geqslant y)} = \frac{u - C(u, v)}{1 - v} \tag{3-46}$$

$$T_{X|y}(x, y) = \frac{E(L)}{1 - F_{X|y}(x, y)} = \frac{E(L)}{1 - P(X \leqslant x | Y \geqslant y)} = \frac{E(L)(1 - v)}{[1 - u - v + C(u, v)]} \tag{3-47}$$

（2）给定 $Y \leqslant y$ 条件时，$X$ 的条件概率分布和相应的条件重现期为

$$F'_{X|y}(x, y) = P(X \leqslant x | Y \leqslant y) = \frac{P(X \leqslant x, Y \leqslant y)}{P(Y \leqslant y)} = \frac{C(u, v)}{v} \tag{3-48}$$

$$T'_{X|y}(x, y) = \frac{E(L)}{1 - F'_{X|y}(x, y)} = \frac{E(L)}{1 - P(X \leqslant x | Y \leqslant y)} = \frac{E(L)v}{[v - C(u, v)]} \tag{3-49}$$

### 3.6.3 三维联合概率和重现期

根据 Copula 函数的定义，三维联合分布可以表示为

$$\begin{aligned} F(x, y, z) &= P(X \leqslant x, Y \leqslant y, Z \leqslant z) \\ &= C[F_X(x), F_Y(y), F_Z(z)] = C(u, v, w) \end{aligned} \tag{3-50}$$

三维超越联合概率为

$$\begin{aligned} & P(X \geqslant x, Y \geqslant y, Z \geqslant z) \\ = & \ 1 - F_X(x) - F_Y(y) - F_Z(z) + C[F_X(x), F_Y(y)] \\ & + C[F_X(x), F_Z(z)] + C[F_Y(y), F_Z(z)] - C[F_X(x), F_Y(y), F_Z(z)] \\ = & \ 1 - u - v - w + C(u, v) + C(u, w) + C(v, w) - C(u, v, w) \end{aligned} \tag{3-51}$$

三维联合重现期和同现重现期分别为

$$T(x, y, z) = \frac{E(L)}{P(X \geqslant x \cup Y \geqslant y \cup Z \geqslant z)}$$

$$= \frac{E(L)}{1 - F(x, y, z)} = \frac{E(L)}{1 - C[F_X(x), F_Y(y), F_Z(z)]}$$

$$= \frac{E(L)}{1 - C(u, v, w)} \tag{3-52}$$

$$T'(x, y, z) = \frac{E(L)}{P(X \geqslant x \cap Y \geqslant y \cap Z \geqslant z)}$$

$$= \frac{E(L)}{1 - F_X(x) - F_Y(y) - F_Z(z) + C[F_X(x), F_Y(y)] + C[F_X(x), F_Z(Z)] + C[F_Y(y), F_Z(z)] - C[F_X(x), F_Y(y), F_Z(z)]}$$

$$= \frac{E(L)}{1 - u - v - w + C(u, v) + C(u, w) + C(v, w) - C(u, v, w)} \tag{3-53}$$

三维条件概率与条件重现期：

（1）给定 $X \geqslant x$ 条件时，$Y$ 和 $Z$ 的联合条件概率分布和相应的条件重现期为

$$F_{Z, Y|x}(x, y, z) = P(Y \leqslant y, Z \leqslant z | X \geqslant x) = \frac{P(Y \leqslant y, Z \leqslant z, X \geqslant x)}{P(X \geqslant x)}$$

$$= \frac{C[F_Y(y), F_Z(z)] - C[F_X(x), F_Y(y), F_Z(z)]}{1 - F_X(x)}$$

$$= \frac{C(v, w) - C(u, v, w)}{1 - u} \tag{3-54}$$

$$T_{Z, Y|x}(x, y, z)$$

$$= \frac{E(L)}{[1 - F_X(x)]\begin{pmatrix}1 - F_X(x) - F_Y(y) - F_Z(z) + C[F_X(x), F_Y(y)] + C[F_X(x), F_Z(z)] \\ + C[F_Y(y), F_Z(z)] - C[F_X(x), F_Y(y), F_Z(z)]\end{pmatrix}}$$

$$= \frac{E(L)}{(1 - u)[1 - u - v - w + C(u, v) + C(u, w) + C(v, w) - C(u, v, w)]} \tag{3-55}$$

（2）给定 $X \leqslant x$ 条件时，$Y$ 和 $Z$ 的联合条件概率分布和相应的条件重现期为

$$F'_{Z, Y|x}(x, y, z) = P(Y \leqslant y, Z \leqslant z | X \leqslant x) = \frac{C[F_X(x), F_Y(y), F_Z(z)]}{F_X(x)}$$

$$= \frac{C(u, v, w)}{u} \tag{3-56}$$

$$T'_{Z, Y|x}(x, y, z) = \frac{E(L)}{[1 - F'_{Z, Y|x}(x, y, z)]} = \frac{E(L) \cdot u}{[u - C(u, v, w)]} \tag{3-57}$$

（3）给定 $X \geqslant x$，$Y \geqslant y$ 条件时，$Z$ 的条件概率分布和相应的条件重现期为

$$
\begin{aligned}
F_{Z|x,y}(x, y, z) &= P(Z \leqslant z | X \geqslant x, Y \geqslant y) \\
&= \frac{F_Z(z) - C[F_X(x), F_Z(z)] - C[F_Y(y), F_Z(z)] + C[F_X(x), F_Y(y), F_Z(z)]}{1 - F_X(x) - F_Y(y) + C[F_X(x), F_Y(y)]} \\
&= \frac{w - C(u, w) - C(v, w) + C(u, v, w)}{1 - u - v + C(u, v)}
\end{aligned}
\tag{3-58}
$$

$$
\begin{aligned}
& T_{Z|x,y}(x, y, z) \\
= & \frac{E(L)}{\{1 - F_X(x) - F_Y(y) + C[F_X(x), F_Y(y)]\} \left\{ \begin{aligned} & 1 - F_X(x) - F_Y(y) - F_Z(z) + C[F_X(x), F_Y(y)] + C[F_X(x), F_Z(z)] \\ & + C[F_Y(y), F_Z(z)] - C[F_X(x), F_Y(y), F_Z(z)] \end{aligned} \right\}} \\
= & \frac{E(L)}{[1 - u - v - C(u, v)][1 - u - v - w + C(u, v) + C(u, w) + C(v, w) - C(u, v, w)]}
\end{aligned}
\tag{3-59}
$$

（4）给定 $X \leqslant x$，$Y \leqslant y$ 条件时，$Z$ 的条件概率分布和相应的条件重现期为

$$
\begin{aligned}
F'_{Z|x,y}(x, y, z) &= P(Z \leqslant z | X \leqslant x, Y \leqslant y) \\
&= \frac{C[F_X(x), F_Y(y), F_Z(z)]}{C[F_Y(y), F_Z(z)]} = \frac{C(u, v, w)}{C(v, w)}
\end{aligned}
\tag{3-60}
$$

$$
T'_{Z|x,y}(x, y, z) = \frac{E(L)}{[1 - F'_{Z|x,y}(x, y, z)]}
\tag{3-61}
$$

## 3.7 本章小结

Copula 理论已经不是一个很新的概念，从它的提出至今已经有 50 多年了，但其方法最近十几年才发展起来，关于它的专著也很少。Nelsen 在 1998 年对 Copula 函数的定义、建构方法及相依性做了系统的阐述，Cherubini 等（2004）、韦艳华等（2003）专门介绍了其在金融领域的应用。

Copula 函数模型在金融、保险等领域的应用已经十分成熟，根据本章对其相关内容的介绍，总结 Copula 函数方法具有如下优良特性：

（1）Copula 函数在应用建模时，对各个变量的边缘分布选择不受限制，可以根据实际情况选择各种边缘分布和 Copula 函数构造灵活的多元分布。现有的

多数多元分布函数都是一元分布函数的简单延伸，通常要求所有的边缘分布服从同样的分布，而现在可以通过某种 Copula 函数将 $n$ 个任意形式的边缘分布连接起来，生成一个有效的多元分布。

（2）由 Copula 函数导出的一致性和相关性测度，对于严格单调增的变换都不改变，应用范围和实用性更广。

（3）在建立联合结构的同时，能够有机结合随机变量间不同的相关程度和相关模式，并且，建立联合分布的过程可以分解为变量的相关结构和边缘分布这两个相互独立的部分分别加以处理。因此，在运用 Copula 函数构建多维风险模型时，形式灵活多样，模型的估计求解也更加简单。

（4）Copula 函数比较容易扩展到多元联合概率分布，同时可以描述变量间非对称性、非线性及尾部相关关系，并且可用于极值相关关系研究，这正是自然灾害特征分析所需求的。

影响灾害的各变量有可能服从不同的分布类型，并且它们之间可能存在一定的正相关或负相关关系，传统的多维分析方法无法解决，而 Copula 函数理论正是描述这种相关性的一种有效途径。Copula 函数模型的形式灵活多样且不受边缘分布形式的限制，为更加客观、定量化、准确地建立多维联合分布提供了一种应用潜力巨大的新方法。在本书后面的应用研究中，均涉及这一章的内容，因此本章的总结介绍是后面几章研究的基础。

# 第2部分

# 实例研究

# 4

# 沙尘暴致灾因子选择及二维变量分析法的比较

目前，沙尘暴灾害因为发生频率高、形成机制复杂、影响范围广、损失难估算等特点，成为当今世界一个关注的热点问题，同时又是风险评估较少的一个灾种。强沙尘暴和特强沙尘暴每年造成的损失巨大，因此，加强风沙灾害的风险评估研究，准确计算沙尘暴灾害，尤其是特强沙尘暴灾害的重现期，尽早采取防治措施，对保护人类生态环境和促进经济建设极为重要。但是，由于沙尘暴的影响因素具有多元性，且发生机制复杂，目前对于沙尘暴灾害的综合风险评估却非常少，特别是基于多项致灾因子对沙尘暴发生发展的影响机理上的评估更少。目前气象部门对于沙尘暴的中长期预测主要是基于单因子的分析。在对沙尘暴未来发生概率进行分析时，仅考虑风速、降水等是不够的，高空环流系统状况和土壤湿度、地表植被覆盖度等下垫面因子也应加以合理考虑。因此，综合沙尘暴灾害的多项致灾因子影响机理和多项风险特征，建立其联合分布的风险研究十分重要，同时也可以弥补目前沙尘暴风险评估的不足。

本章根据沙尘暴形成机制的 3 个不同层面，采用 500 hPa 位势高度场数据、近地面气象数据和下垫面数据，对沙尘暴灾害的多个致灾因子进行数理统计分析，确定沙尘暴灾害发生发展过程中的主要致灾因子，并对它们的影响机制进行探讨。同时，基于沙尘暴灾害主要致灾因子的分析结果，结合沙尘暴灾害的致灾机理，选取对沙尘暴成灾影响较大的一个近地面气象因子和一个下垫面因子进行联合概率分布的分析，并与传统的多变量回归方法作比较。在此过程中，结合案例详细介绍变量分布函数的选择方法、参数估计和拟合检验及不同 Copula 函数的适用性特征和构建步骤。

## 4.1 沙尘暴的定义和分级标准

沙尘暴（sand-dust storm）是沙暴（sand storm）和尘暴（dust storm）两者

的总称，是指大风将地面大量沙尘吹起，使空气浑浊，水平能见度小于1km的天气现象。当沙尘暴发展到其最大强度（瞬时最大风速≥25m/s，能见度≤50m）时，称之为特强沙尘暴，在国内俗称“黑风暴”或“黑风”。

对沙尘暴强度的等级划分，国内外主要参照风速和能见度两个指标。21世纪初，中国气象局预测减灾司组织有关人员制定了《沙尘天气预警业务服务暂行规定》（以下简称《沙尘天气规定》），该规定采用的沙尘天气划分标准主要参考了《大气科学辞典》及现行《地面气象观测规范》和《地面气象电码手册》，并在2002年12月召开的“第一届全国沙尘暴专家委员会第一次会议”上作了补充修订。《沙尘天气规定》将沙尘天气分为浮尘、扬沙、沙尘暴和强沙尘暴4类，划分标准见表4-1。《沙尘天气规定》还规定，如果在同一次天气过程中，我国天气预报范围内有3个及其以上国家基本（准）站出现了沙尘暴（强沙尘暴）天气，则认为我国出现了一次沙尘暴（强沙尘暴）天气过程。

**表4-1　浮尘、扬沙、沙尘暴和强沙尘暴划分标准**

<table>
<tr><th>名称</th><th>成因（来源）</th><th>能见度</th><th>天空状况</th><th>风力</th><th>大致出现时间</th></tr>
<tr><td>浮尘</td><td>远地或本地产生沙尘暴或扬沙后，沙尘等细粒浮游空中而形成</td><td>水平能见度小于10.0km，垂直能见度也较差</td><td>远物呈土黄色，太阳呈苍白色或淡黄色</td><td>≤3.0m/s</td><td>冷空气过境前后</td></tr>
<tr><td>扬沙</td><td rowspan="3">本地或附近沙尘被风吹起，使能见度显著下降</td><td>1～10.0km</td><td rowspan="3">天空浑浊，一片黄色</td><td>风较大</td><td rowspan="3">冷锋或雷暴、飑线过境</td></tr>
<tr><td>沙尘暴</td><td>500～1000m</td><td>风很大</td></tr>
<tr><td>强沙尘暴</td><td><500m</td><td>风非常大</td></tr>
</table>

根据《沙尘暴天气监测规范》（GB/T 20479—2006），又将强沙尘暴分为了强沙尘暴和特强沙尘暴。其中，强沙尘暴是指大风将地面尘沙吹起，使空气非常混浊，水平能见度小于500m的天气现象；特强沙尘暴指狂风将地面大量尘沙吹起，使空气特别混浊，水平能见度小于50m的天气现象①。

## 4.2　沙尘暴灾害发生机理分析

沙尘暴形成的3个基本条件为大风、丰富的沙尘源和不稳定的大气层结。

① 注：“大风”一般指风力8～9级，即风速大于或等于17.2m/s，小于24.5m/s。“狂风”一般指风力大于10级，即风速大于24.5m/s。

沙尘暴形成的物质基础来自裸露于地表的沙尘物质，而沙尘脱离地面则需要气象条件——强风的驱动。同时，不稳定的大气层结状态是重要的局地热力条件，沙尘暴多发生在午后或午后至傍晚时段充分说明了大气不稳定状态的重要性。这3个原因是相辅相成、缺一不可的。除上述三大因素外，人类生产活动等因素引起的土地利用覆盖变化、沙漠化、城市化及各种自然或人为因素引起的地表特征和气候变化，对沙尘暴的形成具有促进和加强作用。例如，过度放牧、人为破坏植被、工矿交通建设等大规模施工对地表的破坏，也会为沙尘暴发生发展提供沙尘。

由此可见，沙尘暴灾害的致灾机理应该从环流背景、近地面气象要素和下垫面状况3个层面进行分析探讨，具体的流程图如图4-1所示。

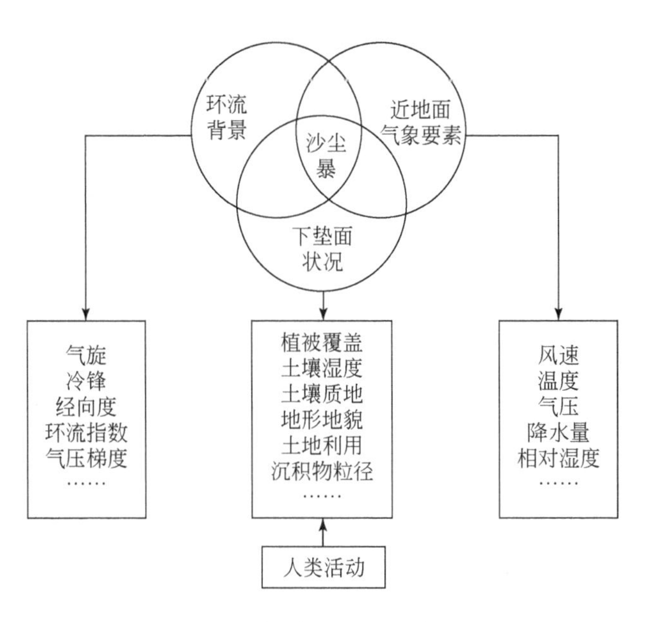


图4-1　沙尘暴灾害机理分析图

### 4.2.1　动力条件

强风是沙尘暴形成的重要条件，而强风与不同时空尺度的大气环流系统具有非常密切的关系。就气象成因来说，沙尘暴灾害是不同尺度天气系统相互作用的结果。

从沙尘暴的成因和天气系统的结构特征看，沙尘暴是由于大尺度的天气形势、中尺度的干飑线和局地热力不稳定相互作用的结果。强冷空气是形成沙尘暴的动力因素，是沙尘暴形成的必备条件，它的大小决定着空气中沙尘的数量、粒径大小及沙尘影响的高度和范围。近年来，越来越多的学者通过研究前期环流系统与沙尘暴发生频数和强度的关系来研究沙尘暴的发生发展机理。强冷空气通过形成较大的气压梯度，使冷空气推动暖空气加速运动，从而形成地面大风（张钛仁，1997，2008）。

强冷空气的形成首先受大尺度高空环流的影响，主要是欧洲大槽的东移、欧亚经纬向环流的转变等所诱发的冷空气南下形成强冷锋天气活动或高空低压槽过境，它是沙尘暴天气发生的主要动力（胡金明等，1999；胡隐樵和光田宁，1997）。因此，强风天气的形成与高空的经纬向环流有非常密切的关系。尤其春季，是我国北方地区冷锋活动最为频繁的季节，通常是位于西伯利亚的冷空气在我国境内由西北向东南爆发。我国沙尘天气发生高频区，主要受到蒙古气旋和东北气旋的影响。春季是我国北方地区冷风活动最为频繁的季节（全林生等，2001）。其次，中尺度天气系统也对沙尘暴的发生发展起到非常重要的作用。研究表明，沙尘暴天气总是与中尺度飑线或低压相联系，在地形、下垫面、天气系统条件和大尺度环流背景具备的情况下，中尺度天气系统对沙尘暴的产生起着最直接的作用（Mcnaughton，1987；Joseph et al.，1980；胡隐樵和光田宁，1997；刘景涛和郑明倩，1998；卢琦和杨有林，2001）。我国北方地区暖低压的形成、发展和锋面飑线的形成主要集中在青藏高原东部和青海地区，加上近地面大气层局部增温，常导致底层大气的强烈垂直对流，为地表沙尘扬起提供了有利的条件（胡金明等，1999）。最后，小尺度的局地热力不稳定同样有利于强对流的发生和发展，从而加强对流天气过程，成为沙尘暴的重要触发机制之一。下垫面热力属性的差异是在一定的天气系统和特殊的地貌结构共同作用下形成的，这种差异容易形成局地小尺度热力性涡旋，这种现象在春季较其他季节表现更为频繁（胡金明等，1999）。沙尘暴的日变化特点与太阳辐射日变化有着密切关系，由于午后地面辐射加热最强，空气层结不稳定，更容易激发热力性对流，使沙尘暴加强（刘景涛和郑明倩，1998）。

### 4.2.2 沙尘暴源地和路径

沙源是沙尘暴形成的基本物质条件。沙尘暴主要发生在沙漠及其临近的干旱与半干旱地区，世界范围内沙尘暴多发生在中亚、北美、中非和澳大利亚。我国的沙尘暴区属于中亚沙尘暴区的一部分，主要发生在北方地区。在地质时期和历史时期，这里一直是沙尘暴的主要成灾地区和“雨土”释放源地。其分布规律是：西北多于东北地区，平原多于山区，沙漠多于其他地区（王式功等，2010）。内蒙古地区中西部沙漠和荒漠化地区是我国沙尘暴的一个重要的沙源地。特别是近些年一些地区片面追求经济发展，忽视环境和生态保护，使内蒙古地区生态恶化趋势长期得不到有效控制。

内蒙古地区多属中纬度干旱和半干旱地区，地面多为稀疏草地和旱作耕地，植被稀少，加上人为破坏，当春季地面回暖解冻，地表裸露，狂风起时，沙尘弥漫，在本地及狂风经过的地带形成沙尘天气。内蒙古中西部地表类型主要有沙漠和荒漠草原两种。内蒙古分布着巴丹吉林沙漠、腾格里沙漠、库布齐沙漠、毛乌素沙地和浑善达克沙地等多个沙漠或沙地（图 4-2），是沙尘暴发生和发展的永久性存在的沙源。在这些沙漠和沙地周围，还分布着广阔的荒漠化

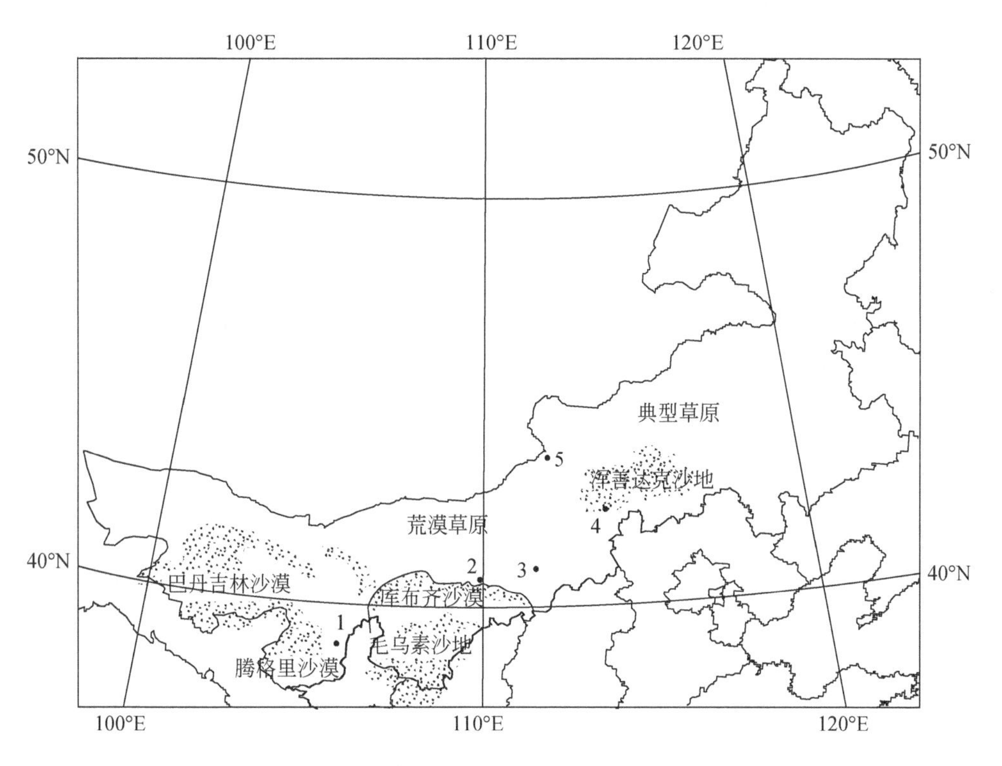


图 4-2　内蒙古中西部地区地表类型分布图

注：1. 阿拉善左旗；2. 包头；3. 呼和浩特；4. 镶黄旗；5. 二连浩特

草原，这些地区同样具有非常大的供尘能力（李彰俊等，2007）。内蒙古中部的中温型荒漠化草原年均降水量只有150～200mm，日温差大，年大风日数多，植物种类单一，多为针茅、冷蒿等，平均盖度只有15%，加上近些年来超载过牧、滥垦乱挖及气候原因，荒漠化草原出现大面积的退化和沙化。据1999年的统计，荒漠化草原的总面积为$2.3179\times10^7hm^2$，退化面积为$1.9256\times10^7hm^2$，高达83%。这也是荒漠化草原巨大供尘能力的一个重要原因。

钱正安等（1997）、王静爱等（2001）等多位专家的研究表明，我国沙尘天气的多发地带主要在北方农牧交错带、沙漠边缘带，西北地区50年来强和特强沙尘暴的高发区有3个：一个以甘肃民勤为中心，包括甘肃河西走廊、巴丹吉林沙漠南缘、腾格里沙漠和宁夏黄灌区；第二个以和田为中心，沿塔里木盆地南缘民丰—于田—和田—皮山一线；第三个以吐鲁番为中心，主要集中在吐鲁番盆地地区。刘景涛和郑明倩（1998）指出，内蒙古的朱日和由于所处地理位置特殊，是西北路冷空气南下的必经之地，又经常受到强西路冷空气的影响，平均大风日数高达83.7d，年平均风速为5.6m/s，达内蒙古之冠，是我国北部强沙尘暴与特强沙尘暴最大的一个中心。除此之外，阿拉善高原的额济纳旗和鄂尔多斯高原也是特强沙尘暴的多发区域。

我国学者运用西北和华北的沙尘暴资料、天气图、卫星观测数据、图像资料等，对沙尘暴的天气形势特征、冷空气来源和云图特征等用多种方法进行分析，认为我国西北地区沙尘暴的传输路径主要分为三条：西部路径、西北路径和北部路径（方宗义等，1997；邱新法等，2001；周秀骥等，2002；王式功等，2010）。其中，经内蒙古自治区影响华北及北京地区的路径就有两条：一条是西北路径，即阿拉善—乌海—准格尔旗—北京。冷空气源于北冰洋冷气团，经西西伯利亚加强后向东南经我国内蒙古西部再入侵河西走廊，此路径沙尘暴具有范围广、强度大、灾害严重等特点，易形成黑风暴，发生次数最多，占68%。另一条北方路径，即二连浩特—苏尼特左旗—张家口—北京。此路径的沙尘暴从蒙古国经我国内蒙古中部到达陕北及华北等地区，约占沙尘暴总体的18%。图4-3为中国北方多年平均大风（≥17.2m/s）日数与风沙活动主要路径。

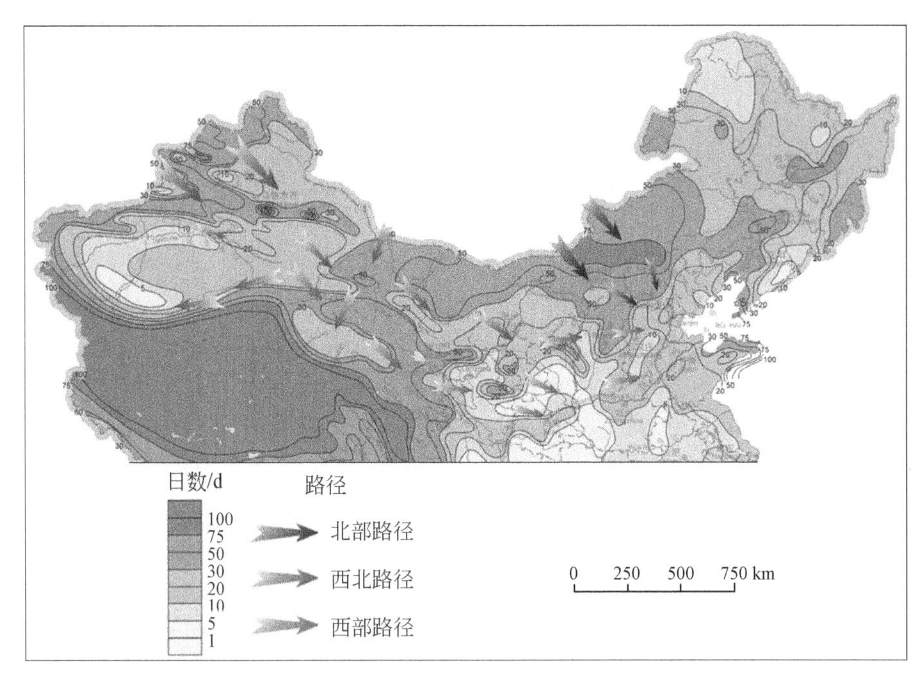


图 4-3 中国北方多年平均大风（≥17.2m/s）日数与风沙活动主要路径

### 4.2.3 下垫面

不同于其他灾害性天气，沙尘暴灾害是大气圈层和岩石圈层紧密联系并相互作用形成的特殊天气过程，这就决定了沙尘暴的发生不仅受到气象条件的影响，下垫面条件也是沙尘暴形成的关键因素。近些年来，我国北方地区沙尘暴发生次数的增多和影响范围的不断扩大，与下垫面性质和状况的改变有很大联系。

沙尘暴的发生发展以及时空分布情况，受到很多下垫面要素的影响。综合国内外多个专家的研究成果（董光荣等，1987；Mcnaughton，1987；Chang and Wetzel，1991；屈建军等，2004；顾卫等，2002；郝璐等，2006），得出影响沙尘暴发生发展过程的下垫面因子主要包括：植被的组成、结构、覆盖度，土壤的质地、结构、干湿状况，表面粗糙度、侵蚀强度，土地利用状况，地形地貌（如山脉、丘陵、平原、盆地、坡度、坡向）和沙漠化状况等。

下面分析总结主要下垫面因子对沙尘暴的影响机制。

#### 4.2.3.1 植被覆盖

植被覆盖对沙尘暴的影响机理是当运动气流受到植被覆盖的阻挡时，在植株背后形成一个风速降低区，从而减小风力对地表土壤的吹蚀。由于植被覆盖的存在，下垫面粗糙度增大，植被覆盖的沙面上风速低于相同高度上光裸沙面上的风速。这是风蚀过程中植被覆盖形成对地表保护的内在机理。

风洞实验结果表明，土壤风蚀比率与植被覆盖度之间具有如下关系（董治宝等，1996a）：

$$f(C)=\mathrm{e}^{-5\left(\frac{C}{1-C}\right)^{0.87}} \tag{4-1}$$

风蚀强度（$E$）与植被覆盖度（$C$）之间具有如下关系（$R=0.995$）：

$$E=830.14\times f(C) \tag{4-2}$$

风蚀比率随植被覆盖度的减小呈指数增加。具体的观测数据见表 4-2（董治宝等，1996a）。

**表 4-2　不同植被覆盖度下的风蚀强度和风蚀比率**（风速为 12.7m/s）

| 植被覆盖度 | 0.000 | 0.055 | 0.110 | 0.197 | 0.272 | 0.337 | 0.403 | 0.491 | 0.602 |
|---|---|---|---|---|---|---|---|---|---|
| 风蚀强度 $E$/(g/min) | 824.00 | 547.77 | 359.46 | 102.06 | 58.01 | 30.25 | 23.81 | 6.40 | 3.46 |
| 风蚀比率 | 1.000 | 0.665 | 0.436 | 0.124 | 0.070 | 0.037 | 0.029 | 0.008 | 0.004 |

当植被覆盖度下降时，地表裸露部分增加，植被对表层土壤的保护能力降低。植被覆盖程度越差，表层土壤为强风提供沙尘的可能性就越大。植被覆盖可以分散地面上一定高度之内的风动量，从而减少气流与地面物质间的动量传递，阻止被蚀物质的运动。风蚀比率与植被覆盖度的关系如图 4-4 所示。从地貌类型上看，沙地植被覆盖度与沙尘暴日数的相关关系要比其他地貌类型高很多。在同样的气象条件下，沙尘暴途经区域下垫面的土地利用覆盖状况和植被覆盖度直接影响着沙尘暴的形成、频率和强度变化。

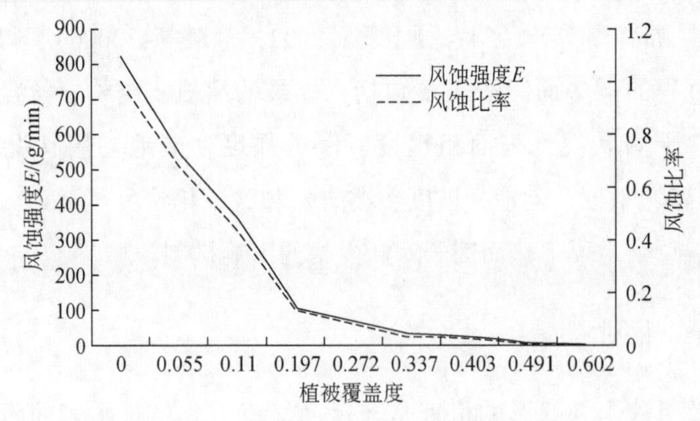


图 4-4　风蚀比率与植被覆盖度的关系（董治宝等，1996a）

顾卫等（2002）利用归一化植被指数（normalized difference vegetation index，NDVI）数据和地面气象观测数据，研究了植被覆盖度与沙尘暴分布的关系，结果表明，沙尘暴日数与植被覆盖度之间呈负相关关系，这种关系在不同的地貌类型区和不同季节有所差异。杨根生和拓万全（2002）根据不同植被盖度的样方进行土地风蚀量的试验，将植被盖度对土地风蚀的影响作用划分为3种不同的程度类型，即当植被盖度大于60%时，为轻微风蚀或无风蚀；60%～20%时为中度风蚀；小于20%为强烈风蚀。

#### 4.2.3.2　土壤湿度

土壤湿度（土壤含水量）是研究沙尘暴形成机制的又一重要指标。Pye和Tsoar（1990）认为，当土壤中有水分存在的条件下，水分子与土壤颗粒之间的拉张力增强了颗粒间的内聚力，导致土壤抗风蚀能力增强。特别是在植被覆盖率低的荒漠区，土壤湿度尤为重要。土壤湿度一般用土壤重量含水率表示：

$$土壤重量含水率=[土壤含水量(g)/干土重量(g)]\times100\% \tag{4-3}$$

风洞实验表明，起动临界摩擦速度与下垫面土壤湿度之间有很大关系（董光荣等，1987；胡孟春等，1991；董治宝等，1996b；海春兴等，2002；李宁等，2006）。当土壤湿度从0到10%变化时，分别用6m/s、7m/s、8m/s、9m/s的风速吹蚀1 min，吹蚀量随土壤湿度的增加而急剧减少，当土壤水分含量接近10%时，吹蚀量变化已经很小。

胡孟春等（1991）根据风洞实验结果认为沙土含水量为2%是个转折点，当含水量小于2%时，抗风蚀能力变化大，当大于2%时抗风蚀能力变化趋于稳定，当沙土含水量达到饱和持水量4.73%时，抗风蚀风速稳定在14m/s左右，即可抗6～7级大风。屈建军等（2004）通过数理统计分析得出的临界风蚀风速$V_t$与风沙土的土壤湿度$M$的定量关系可以用式（4-4）表达：

$$V_t=2.53+1.18M \quad (R=0.983) \tag{4-4}$$

即风沙土的临界风蚀风速随土壤湿度的增加呈线性增大。虽然对于不同性质类型的土壤，由于土壤颗粒间的内聚力不同而使临界风蚀风速与土壤湿度的定量关系不同，但是这个基本变化关系是一致的（移小勇等，2006）。

董治宝等（1996b）通过大量的风洞实验直观地表明，就风沙土而言（表4-3），在土地风蚀随含水率变化的过程中，起初随含水率的增大，风蚀率缓慢地减小，当含水率增大到一定程度时，较小的土壤水分增量会引起土地风蚀率较大幅度的减小，而后风蚀率随含水率增加而减小的过程又趋于平缓，即风沙土的风蚀率随土壤含水率的增加呈二次幂函数减少。函数的一般形式为

$$E=C+DM^{-2} \tag{4-5}$$

式中，$E$、$M$ 分别为一定风速条件下的风蚀率（g/min）和含水率（%）；$C$、$D$ 为回归系数。

**表 4-3　不同风速下风蚀比率与土地含水率的关系**

| 土壤含水率/% | 不同风速条件下的风蚀比率/（g/min） | | | |
|---|---|---|---|---|
| | 10m/s | 15m/s | 20m/s | 25m/s |
| 2. 67 | 73. 04 | 761. 96 | 1 582. 23 | 2 480. 00 |
| 4. 14 | 66. 19 | 210. 86 | 881. 32 | 1 568. 69 |
| 5. 20 | 24. 72 | 145. 82 | 239. 42 | 390. 59 |
| 5. 69 | 12. 94 | 81. 86 | 172. 26 | 280. 42 |
| 6. 20 | 0. 1 | 52. 03 | 107. 03 | 244. 04 |
| 7. 13 | 0. 00 | 27. 79 | 53. 53 | 158. 47 |
| 7. 87 | 0. 00 | 10. 45 | 47. 06 | 133. 92 |
| 8. 18 | 0. 00 | 8. 76 | 42. 65 | 90. 26 |
| 9. 52 | 0. 00 | 5. 01 | 22. 83 | 50. 06 |

资料来源：董治宝等，1996b

土壤湿度是影响风力对土壤颗粒搬运的重要因素，土壤湿度降低，土壤干燥度会增加，导致土质疏松，土壤颗粒变得分散，在强风的作用之下，土壤微粒很容易被风带到空中。柏晶瑜等（2003）、李宁等（2004，2006，2007）和李彰俊等（2005）的研究得出，土壤湿度与沙尘暴发生频次之间存在明显的负相关关系，并对沙尘暴发生过程中风速和土壤湿度的贡献程度进行了定量分析，得出内蒙古中西部地区沙尘暴发生时日平均风速的最小值是 3. 5m/s，当日平均风速大于 3. 5m/s、日平均土壤湿度小于 19. 5% 时，沙尘暴更容易发生，反之，沙尘暴不易发生。土壤湿度大，有利于地表植被的生长，较高的植被覆盖度能够有效地增大起沙风速，同时也可以减少降雨以径流的形式流失，有利于雨水渗入地下，保持降水的有效利用，更加促进土壤湿度的增加，形成良性循环。

#### 4. 2. 3. 3　积雪

积雪主要通过影响土壤含水量和地表裸露度两个方面来影响沙尘暴的发生发

展。积雪属于降水量的一种，冬季积雪在春季融化后，增加土壤湿度，这一过程可以抑制或减少沙尘暴的发生。当有积雪时，雪盖对表层土壤具有保护的能力。当积雪减少时，地表裸露部分就会增加，表层土壤中的细小颗粒被强风刮起，进入大气中成为沙尘暴的主要组成成分。因此，初春积雪覆盖程度的大小，决定了表层土壤为强风提供沙尘的可能性大小，也关系着沙尘暴发生的日数。尤其是冬末春初的沙尘暴多发季节，冷空气活动频繁，牧草尚未返青，地表裸露度大，雪盖对地表的保护就更加重要。郝璐等（2006）和李彰俊等（2008）研究了内蒙古自治区冬、春季积雪与沙尘天气的关系，结果表明，冬季及初春沙尘天气的发生日数与积雪深度不小于1.0 cm的日数呈负相关，积雪日数越多，沙尘天气日数越少。另外，对初春沙尘暴发生日数与积雪日数的相关分析表明，地表积雪覆盖同样有利于沙尘暴的减少，但对沙尘暴的抑制作用要小于对沙尘天气的抑制作用。对于内蒙古自治区，也有的地区积雪日数与沙尘暴日数相关关系不显著，说明积雪覆盖状况只是影响沙尘暴的一个因子，并非主要的影响因子。

#### 4.2.3.4 地表物质粒径

地表物质的粒度组成和粒径大小在不同程度上影响着沙尘暴的发生。沙粒在风的作用下，开始移动的临界风速称为起沙风速。在相同的风速下，粒径较小的更容易起沙。关于地表粒径与起沙风速的关系很多人做过试验研究，如Bagnold（1941）最早提出起动风速与沙粒粒径的平方根成正比。根据Bagnold的试验研究，这种平方根定律关系有一个粒径范围，起动风速最小的石英沙粒的临界粒径为0.08 mm左右，对于更小的石英沙粒来说，起动风速反而要增大，具体见表4-4。

**表4-4　沙粒粒径与起沙风速**

| 沙粒粒径/mm | 起沙风速（离地2m高处）/(m/s) |
|---|---|
| 0.10～0.25 | 4.0 |
| 0.25～0.50 | 5.6 |
| 0.50～1.00 | 6.7 |
| >1.00 | 7.1 |

Chepil（1953）通过风洞实验把土壤粒度组成按照其抗风蚀性的差异划分为3个部分，即小于0.42mm的高度可蚀因子；0.42～0.84mm的半可蚀因子；大

于0.84mm的不可蚀因子。刘连友等（1998）的实验证明，不可蚀颗粒粒径是随土壤种类、结构和风力而改变的。不同粒径的土壤颗粒具有不同的抗剪切力，它直接影响临界风速值的变化。

## 4.3 基于致灾机理的致灾因子分析

沙尘暴的发生频率和强度，与高空的天气系统和环流系统、近地面气象要素和途径区域的下垫面状况有很大的关系，这已是不争的事实。对沙尘暴成灾机制的全面认识，对深入研究沙尘暴与区域生态环境建设和可持续发展战略的制定、沙尘暴灾害的风险管理，起着至关重要的作用。

考虑到沙尘暴灾害发生发展的复杂过程涉及很多变量，如果不加以处理和选择，必将使问题复杂化。为了选取沙尘暴灾害的主要致灾因子来研究沙尘暴风险，结合前人的研究结果和沙尘暴灾害的发生机理，选取了对沙尘暴灾害影响较明显的500 hPa高空环流要素、近地面气象要素和下垫面要素，借助数据统计分析软件，对3个不同层次的15项指标进行相关分析和主导因子分析。

### 4.3.1 资料来源及方法

通过对1954～2007年内蒙古自治区50个地面气象站春季和全年沙尘暴发生日数的统计发现，54年来研究区域的沙尘暴主要发生在春季（3～5月），如图4-5所示。春季沙尘暴日数占全年日数的67.45%。强沙尘暴和特强沙尘暴也以3～5月最多，占全年总次数的62.5%。因此本章选取春季（3～5月）为主要研究时段。

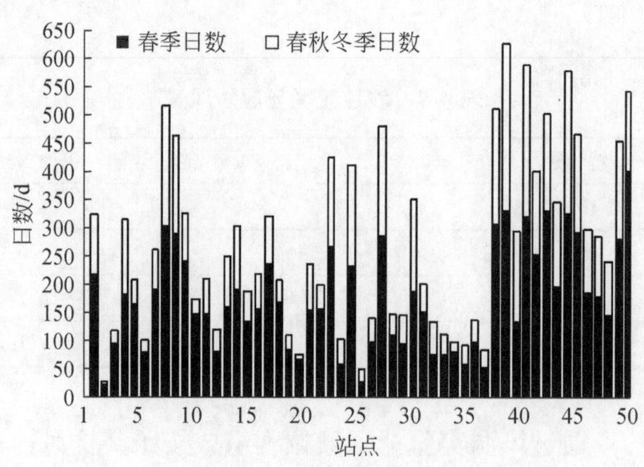


图4-5　内蒙古自治区50个地面气象站点春季和春秋冬季沙尘暴发生日数比较

通过对沙尘暴数据进行精度验证，剔除不可替代的错误数据后，结合空间分布和数据资料时间上的连续性和完整性，筛选出 30 个地面气象站作为内蒙古自治区春季沙尘暴发生的代表站，空间分布格局如图 4-6 所示。

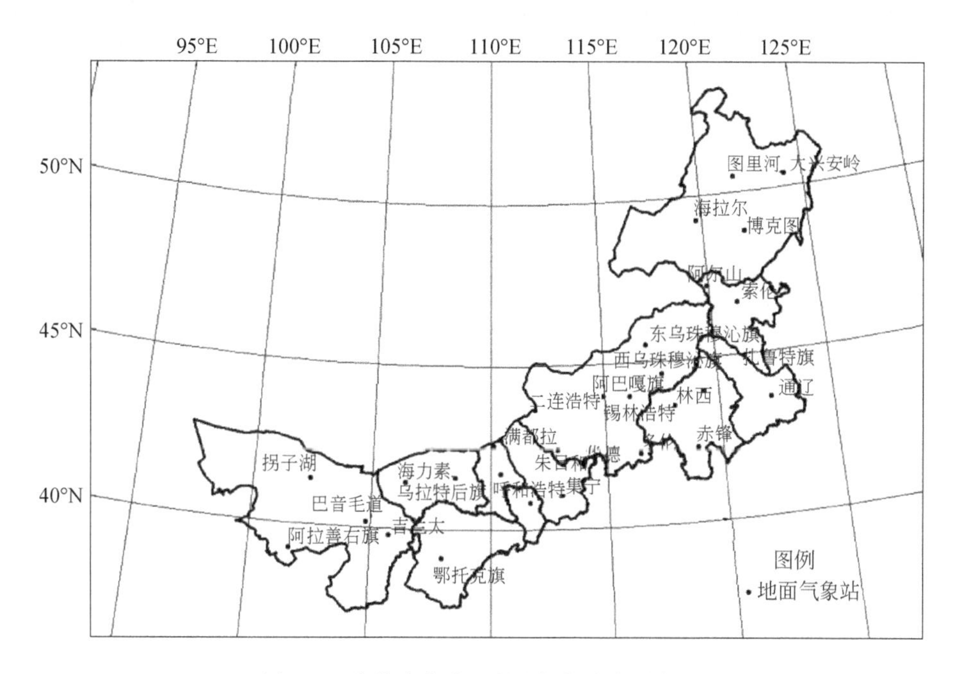


图 4-6　内蒙古自治区所选气象站点示意图

本章所用的数据主要包括两部分：沙尘暴数据和致灾因子数据。其中，致灾因子数据又包括 500 hPa 高空位势高度场数据、近地面气象数据和下垫面数据。

#### 4.3.1.1　沙尘暴数据

沙尘暴数据来源于内蒙古自治区气象局，包括观测到沙尘暴的区站号、经纬度、日期、开始结束时间、能见度、10min 平均最大风速、风向和极大风速、风向，具体见表 4-5。根据单个气象观测站的沙尘暴强度划分等级和范围，统计内蒙古自治区 30 个地面气象站 22 年（1985～2006 年）的单站沙尘暴月发生日数和月持续时间。假设某气象站月沙尘暴发生分别记为 $n_1$，$n_2$，…，$n_N$，则月沙尘暴持续时间为

$$\text{月沙尘暴持续时间}\left(\sum t\right) = \sum_{i=N}^{i}\left(T_{\text{结束}} - T_{\text{开始}}\right) \tag{4-6}$$

式中，$T_{\text{开始}}$ 为某次沙尘暴开始的时间；$T_{\text{结束}}$ 为某次沙尘暴结束的时间；$N$ 为当月

沙尘暴的发生次数。

**表 4-5 单站沙尘暴强度和范围划分标准**

| 强度 | 范围 | | |
| --- | --- | --- | --- |
| | 局地性 | 小范围 | 大范围 |
| 特强沙尘暴 | 一个站能见度为 0.0，风速≥20m/s | 一个站能见度为 0.0，风速≥20m/s；且能见度为 0.0、0.1、0.2 的总测站数为 3～8 个 | 3 个及以上站出现沙尘暴，能见度为 0.0，风速≥20m/s；且有能见度为 0.0、0.1、0.2 的总测站数≥9 个，风速≥12m/s |
| 强沙尘暴 | 一个站能见度为 0.1 或 0.2，风速≥20m/s | 一个站能见度为 0.1 或 0.2，风速≥20m/s；且能见度为 0.1、0.2 的总测站数为 3～8 个 | 3 个及以上站出现沙尘暴，能见度为 0.1 或 0.2，风速≥20m/s；且有能见度为 0.1、0.2 的总测站数≥9 个 |
| 次强沙尘暴 | 一个或两个测站出现沙尘暴，且能见度为 0.3、0.4、0.5 | 一个或两个测站能见度为 0.3、0.4、0.5，且能见度为 0.3、0.4、0.5 的总测站数为 3～8 个 | 3 个及以上站出现沙尘暴，能见度为 0.3、0.4、0.5，且有能见度为 0.3、0.4、0.5 的总测站数≥9 个 |
| 弱沙尘暴 | 一个或两个测站出现沙尘暴，且能见度≥0.6 | 一个或两个测站出现沙尘暴，且能见度≥0.6 的总测站数为 3～8 个 | 3 个及以上站出现沙尘暴，且能见度≥0.6 的总测站数≥9 个 |

注：在本表中，规定能见度小于 50m、100m、200m、300m、400m、500m、600m、700m、800m、900m 分别记为 0.0、0.1、0.2、0.3、0.4、0.5、0.6、0.7、0.8、0.9。

资料来源：康玲等，2009

#### 4.3.1.2 致灾因子数据

本章根据沙尘暴形成机理 3 个不同层次的影响要素，共选取了 15 项指标，包括 500 hPa 经向环流指数、500 hPa 纬向环流指数、春季平均温度、上年冬季平均温度、春季大风日数、平均相对湿度、平均气压、春季植被覆盖度、上年夏季植被覆盖度、春季土壤湿度、上年夏季土壤湿度、春季降水量、上年夏季降水量、上年秋季降水量、上年冬季降水量。统计了 30 个地面气象站 22 年春季的相应月值，共 1980 个样本。以上数据来源于中国气象局、内蒙古自治区气象局和中国气象科学数据共享服务网。

其中，大风日数指风速≥17.2m/s 的日数；风速为距离地面约 10m 处的观测值；平均温度为各月平均温度值；月降水量为各月的累加值。

土壤湿度为地面表层 0～10cm 深度内浅层土壤的干湿程度；用土壤重量含

水量（质量）占土壤干重（质量）的质量分数表示；月土壤水分用以旬为间隔的土壤重量含水百分率测量值累加得到。

植被覆盖度计算所用的 NOAA/AVHRR 数据来源于美国地球资源观测系统与科技中心（Earth Resource Observation and Science Center，EROS）的探路者数据库（Pathfinder Data Sets）提供的 1985～2006 年的 NDVI 数字影像。图像的空间分辨率为 8km×8km，时间分辨率为 10d（旬），Goode（interrupted homolosine equal-area）投影。归一化植被指数 NDVI 值可以很好地反映地表植被的繁茂程度，它与生物量、叶面积指数有比较好的相关关系。本章以月为时间单位进行分析，对 NOAA/AVHRR 的 NDVI 数据处理方法是：先用式（4-7）将逐旬 $NDVI_i$ 影像用最大合成法（maximum value composite）生成各月 NDVI 数据，以进一步消除云、大气、太阳高度角等因素对数据的干扰。

$$NDVI_i = \max(NDVI_{ij}) \tag{4-7}$$

式中，$NDVI_i$ 是第 $i$ 月的 NDVI 值，$NDVI_{ij}$ 是第 $i$ 月第 $j$ 旬的 NDVI 值。

植被覆盖度（$f_g$）的定义为植被投影面积在单位面积上所占的比例，它和叶面积指数（$L_g$）都是衡量地表植被数量的指标（Gutman and Ignatov，1998）。植被覆盖度降低、地表裸露度增大是地表植被退化的表观特征。植被覆盖度（$f_g$）的计算公式如下：

$$f_g = \frac{NDVI - NDVI_{min}}{NDVI_{max} - NDVI_{min}} \tag{4-8}$$

式中，$NDVI_{max}$ 和 $NDVI_{min}$ 分别为整个生长季植被 NDVI 的最大值和最小值。

环流指数数据：环流指数分为纬向环流指数（$I_Z$）和经向环流指数（$I_M$）两种。早在 1939 年罗斯贝最先把 35°～55°N 海平面的平均地转风速定义为环流指数，这个概念应用到高空图上之后，通常采用计算某等压面上两个确定纬圈的高度差表示环流指数的强弱。为了定量分析高空环流系统与内蒙古自治区沙尘暴发生日数和持续时间的关系，本章选用 1985～2006 年北半球 500 hPa 月平均位势高度场格点资料，统计 40°～60°N、75°～95°E 位势高度的差值，在本章中分别定义为简单的纬向环流指数和经向环流指数。选择这个统计区域主要是因为影响我国的冷空气绝大多数都是经过西西伯利亚中部地区，并在那里生长、累计和加强，该区域是冷空气入侵我国的关键区域（陶诗言，1959）。

本章中统计的纬向环流指数为 77.5°E、80°E、82.5°E、85°E、87.5°E、

90°E、92.5°E 线上 40°~60°N 位势高度差值的平均值，经向环流指数为 42.5°S、45°S、47.5°S、50°S、52.5°S、55°S、57.5°S 线上 75°~95°E 位势高度差值的平均值，分别用 $I_{Z'}$、$I_{M'}$ 表示。然后计算 1985~2006 年春季各月内蒙古自治区沙尘暴发生日数和持续时间与它们之间的相关关系。

环流指数的高低同大范围天气状况有一定的联系，如经向环流为高指数时，表明西风带经向环流占优势，冷空气活动频繁，因此大风天气较多，容易导致沙尘暴等天气频繁发生；经向环流为低指数时，带状西风较强，经向气流较弱，冷空气常在较高纬度积蓄加强。纬向环流指数与之相反。

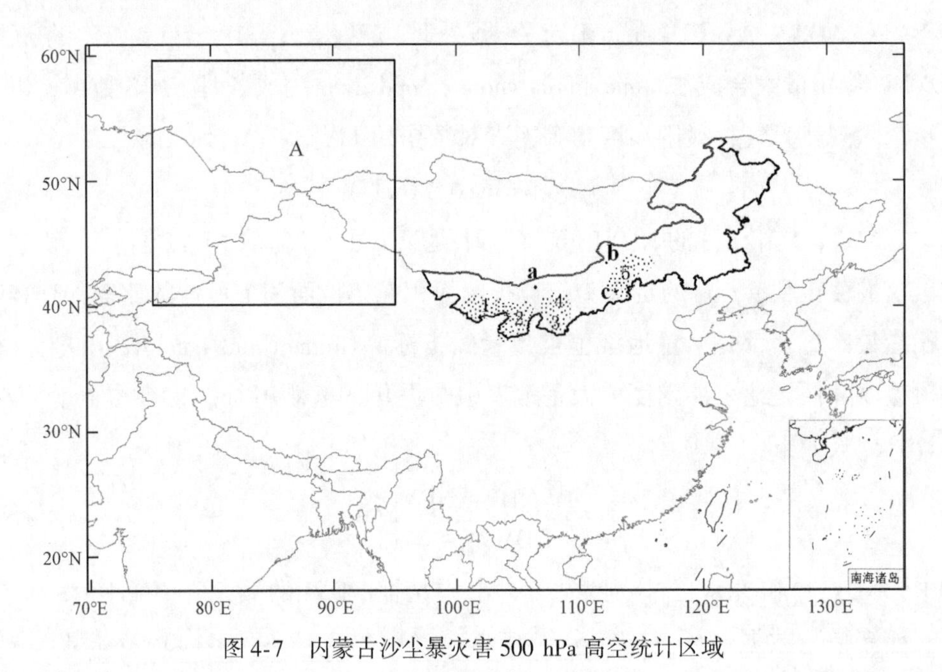


图 4-7　内蒙古沙尘暴灾害 500 hPa 高空统计区域

注：A 区域-高空统计区；a 为海力素；b 为二连浩特；c 为镶黄旗；1 为巴丹吉林沙漠；2 为腾格里沙漠；3 为毛乌素沙地；4 为库布齐沙漠；5 为浑善达克沙地

### 4.3.2　相关性分析

利用时间序列的 30 个地面气象站春季月沙尘暴日数、持续时间 500hPa 纬向环流指数、500hPa 经向环流指数、春季平均温度、上年冬季平均湿度、春季大风日数、平均相对湿度、平均气压、春季植被覆盖度、上年夏季植被覆盖度、春季土壤湿度、上年夏季土壤湿度、春季降水量、上年夏季降水量、上年秋季降水量、上年冬季降水量进行相关性分析，结果见表 4-6。

表 4-6　时间序列的沙尘暴数据相关矩阵

| 影响因子（月值） | 月沙尘暴日数 | | 持续时间 | |
|---|---|---|---|---|
| | 相关系数 $R$ | 样本数 $N$ | 相关系数 $R$ | 样本数 $N$ |
| 500hPa 纬向环流指数 | -0.061 | 660 | 0.046 | 660 |
| 500hPa 经向环流指数 | 0.110 * | 660 | -0.087 | 660 |
| 春季平均温度 | 0.158 ** | 1980 | 0.123 ** | 1980 |
| 上年冬季平均温度 | 0.076 * | 1980 | 0.064 * | 1980 |
| 春季大风日数 | 0.359 ** | 1980 | 0.347 ** | 1980 |
| 平均相对湿度 | -0.032 | 1980 | -0.042 | 1980 |
| 平均气压 | 0.013 | 1980 | 0.015 | 1980 |
| 春季植被覆盖度 | -0.384 ** | 660 | -0.359 ** | 660 |
| 上年夏季植被覆盖度 | -0.397 ** | 660 | -0.311 ** | 660 |
| 春季土壤湿度 | -0.291 ** | 1980 | -0.302 ** | 1980 |
| 上年夏季土壤湿度 | -0.085 ** | 1980 | -0.098 ** | 1980 |
| 春季降水量 | -0.229 ** | 1980 | -0.207 ** | 1980 |
| 上年夏季降水量 | -0.272 ** | 1980 | -0.197 ** | 1980 |
| 上年秋季降水量 | -0.189 ** | 1980 | -0.177 ** | 1980 |
| 上年冬季降水量 | -0.178 ** | 1980 | -0.155 ** | 1980 |

* 为通过了 0.05 的显著性检验，* * 为通过了 0.01 的显著性检验，其他为不相关

由表 4-6 可以看出，春季月沙尘暴日数和持续时间与春季大风日数、春季平均温度、降水量、植被覆盖度、土壤湿度的相关性比较好，均通过了 0.01 水平的显著性检验，其中春季大风日数和春季平均温度与沙尘暴发生日数和持续时间呈现显著的正相关，植被覆盖度、土壤湿度和降水量与春季月沙尘暴日数和持续时间呈现显著的负相关。上年冬季平均温度与春季月沙尘暴日数和持续时间呈现显著的正相关，相关性通过了 0.05 水平的显著性检验。500 hPa 经向环流指数与春季月沙尘暴日数显著正相关，但是与沙尘暴持续时间没有明显的相关性。500 hPa 纬向环流指数、平均相对湿度和平均气压与春季月沙尘暴日数和持续时间无明显相关关系。

首先分析对春季月沙尘暴日数和持续时间有显著正相关关系因子的影响机理。

春季大风日数：春季大风日数与春季月沙尘暴日数、持续时间呈现显著正相关关系，体现了强风作为沙尘暴发生发展动力因素的特点。从相关系数来看，春季大风日数对春季沙尘暴的影响仅次于植被覆盖度，高于土壤湿度、降水量、平均温度等要素。

温度：春季月沙尘暴发生日数和持续时间与春季平均温度和上年冬季平均

温度呈现正相关关系，其中春季的相关性较显著。从气温对地面沙源的影响作用看，温度在春季对地表的作用主要体现在对水分的蒸散方面。迅速升温加速了地表冻土的融化，增加土壤水分的蒸发散失，造成地表更加干燥，土壤松动，加上降水量稀少，有利于沙尘暴的形成。同时内蒙古自治区早春时节的迅速增温，容易产生上升气流，导致局地热力不稳定，加速空气的对流和湍流，这种情况下，容易产生大风天气，为沙尘暴活动提供有利的条件。但是有时由于沙尘暴的发生多伴随冷空气活动，剧烈的降温也成为沙尘暴产生的有利条件。因此，气温对沙尘暴的正反两方面作用使有些站点的沙尘暴日数与平均温度无明显相关关系。对于本章研究来说，统计的是春季月平均温度，因此体现的是每月一个整体的温度情况，因此也不难理解相关分析结果呈现出显著的正相关性。

然后，对春季月沙尘暴日数和持续时间有显著负相关的因子进行影响机理分析。

降水量：春季月沙尘暴日数和持续时间都与春季降水量、上年夏季降水量、上年秋季降水量、上年冬季降水量呈现显著负相关关系。其中相关系数最高的是上年夏季降水量，其次为春季降水量、上年秋季降水量和上年冬季降水量。表明四季的降水都对春季的沙尘暴日数和持续时间有影响，这表明降水增多时，地表较湿润，植被状况会好转，沙尘源减少，从而制约了沙尘暴的发生发展；反之，当持续干旱时，沙尘暴发生将增多。

植被覆盖度：春季月沙尘暴日数和持续时间与春季植被覆盖度和上年夏季植被覆盖度呈现显著的负相关。与降水量相似，上年夏季植被覆盖度与沙尘暴的相关程度要高于当年的春季。6～8月是我国北方植被生长最茂盛的季节，如果夏季的降水量大、植被覆盖度高，必然影响第二年春季的植被覆盖度。内蒙古自治区属于干旱半干旱地区，植被类型多为一年生或季节生植物，生长期比较短，如果上年夏季植被生长状况较好，其地下根系和地表凋落物就比较多，到第二年春季，即使它们中间有一些已经死亡，但它们的根系和凋落物仍然能够有效阻滞沙尘暴的发生。而春季又是内蒙古自治区沙尘暴发生占全年比例最高的季节，春季植被覆盖度是衡量沙尘暴发生风险等级的关键指标，加上春季降水量也影响着牧草的返青和农作物的生长，可见，降水量通过增加春季地表植被覆盖度和土壤墒情起到抑制沙尘暴发生的作用。

土壤湿度：土壤湿度（土壤含水量）与春季月沙尘暴日数和持续时间呈现

显著的负相关，这是因为当土壤中有水分存在的条件下，水分子与土壤颗粒之间的拉张力增强了颗粒间的内聚力，导致土壤抗风蚀能力增强。特别是在植被覆盖率低的荒漠区，土壤湿度尤为重要。

土壤中水分含量的减少，使土壤颗粒表面的水黏膜力发生了变化，土壤颗粒之间的内聚力或黏着力减弱，导致土壤抗风能力的降低，引起风对土壤的侵蚀。也就是说，土壤湿度越大，土壤颗粒的起动风速越大，土壤抵抗风蚀的能力越强。对于同一地点、粒径相同的裸露地表，较湿润的土壤能增大起沙风速，对沙尘暴的发生起到抑制作用。春季我国北方大部分地区气温急剧回升，致使土壤解冻，表层土壤干燥疏松，干土层较厚，这种疏松干燥的沙尘土壤极易被大风扬起形成沙尘天气。周秀骥等（2002）以 2000 年春季沙尘暴的案例研究得出，春季土壤干土层面积和冷空气相关的气旋活动均为沙尘暴天气发生的重要动力条件。通过有关沙尘暴个例研究表明，沙尘暴的起沙与传输的动力机制，即沙尘的吹扬与地表土壤特征（如土壤水分、干土层厚度和面积）相关，Fast 和 Mccorcle（1991）指出，土壤湿度的梯度能够激发局地环流的形成和发展，植被和土壤湿度的空间变化能够改变表面大气的斜压结构从而激发对流风暴的形成。由此可知，土壤湿度的变化不仅使其本身发生了变化，而且对大气有重要作用，从而对该地区沙尘暴的爆发有重要影响。

综上可见，在风力条件相同的情况下，沙尘暴的发生和强度主要取决于地表植被和土壤湿度状况，而它们又受到温度和降水条件的影响。

500 hPa 经向环流指数：500 hPa 经向环流指数 $I_{M'}$ 与春季月沙尘暴日数呈现显著的正相关。500 hPa 经向环流指数较高的月份，表明我国北方高空纬向西风偏弱，经向气流较强，利于冷空气南下，容易发生大风、寒潮、沙尘暴等天气；500 hPa 经向环流指数较低的月份，表明我国北方高空纬向环流占优势，西风偏强，经向气流弱，冷空气势力较弱，活动次数少，因此沙尘暴次数也偏少。这说明高层动量下传，引起地面大风是造成沙尘暴天气的又一重要因素。

500 hPa 纬向环流指数 $I_{Z'}$ 与春季月沙尘暴持续时间相关性不明显，说明沙尘暴的发生发展除了受高空环流系统的影响外，也受中小尺度天气系统的直接影响。这反映了大地形对地面风会产生重要的影响，大陆冷高压及冷空气活动关系更为复杂，而特殊地貌条件下形成的热力环流也是造成沙尘暴天气的因素之一。例如，1993 年 5 月 5 ~6 日这类的特强沙尘暴，从高空环流系统看，冷锋在

500 hPa 等压线坡度很大，几乎与纬线垂直。而地面气压系统的特征是强大的冷气团由西西伯利亚南下先经过我国新疆北部，然后沿河西走廊向东南方向移动到内蒙古中西部，自西北方向袭击我国。在地面和高空的环流背景下，形成西北大风引起强沙尘暴的发生，随着蒙古气旋和冷锋沿着西北路径自西北向东南袭击我国北方地区，形成西北东南向的强沙尘暴带。在沙尘暴源区（如巴丹吉林沙漠、腾格里沙漠等）和沿途裸露地表扬起大量沙尘，由高空的西北气流输送向东南方向扩散。

### 4.3.3 主导因子分析

由上面的分析可知，沙尘暴灾害的影响因子很多，不同学科的专家有不同的看法，但是，哪些影响因素是沙尘暴灾害的主导因子，一直是沙尘暴灾害研究中亟待解决的问题。由于500 hPa 经向环流指数、春季大风日数、平均温度、植被覆盖度、土壤湿度、降水量等影响沙尘暴的变量之间也具有一定的相关性，因此，通过因子分析方法的降维处理，可以在保障原始信息损失较小的前提下，将高维变量降为低维变量，从而简化变量系统的统计数字特征，并做出更加合理的解释。其中因子提取的方法采用主成分分析法，因子分析过程通过 SPSS 软件实现。

本节的分析中主要选取了具有年际和季节变化特征的500 hPa 高空环流要素、气象要素和下垫面要素，如500 hPa 经向环流指数、春季大风日数、平均温度、植被覆盖度、土壤湿度、降水量等，而土壤质地、结构、地形地貌、沉积物粒径等要素，尽管对沙尘暴天气过程影响很大，但由于它们长期变化不大，在因子分析时没有考虑进去。

在因子提取过程中，通过分析与沙尘暴相关的各原始变量之间的相关系数，确定有助于解释沙尘暴过程的相关变量集，然后根据因子的累计方差贡献率和特征根的大小来综合评判最终提取出的因字数。在因子分析过程中，各因子按其方差贡献率进行排序，选取前 $k$ 个因子，这样既可以简化变量结构，又最大程度保留了原始变量信息。考虑特征根的大小是因为它某种程度上可以看作是衡量对应因子影响力大小的指标，一般要求特征根大于1，否则，说明该因子对目标的解释力度太小。然后采用方差极大正交旋转变换，根据旋转因子得分系数矩阵计算标准化的因子得分，并探讨各因子得分与沙尘暴灾害的相关性强弱。

对内蒙古自治区沙尘暴的 12 个原始变量进行因子分析并提取出两个因子，

它们的方差贡献率为67%。按照方差极大正交旋转变换后，得出因子载荷矩阵见表4-7。

**表4-7　旋转后的因子载荷矩阵**

| 编号 | 因子变量 | 因子1 | 因子2 |
|---|---|---|---|
| | | 动力因子 | 阻力因子 |
| 1 | 春季大风日数 | 0.921 | |
| 2 | 全年大风日数 | 0.836 | |
| 3 | 春季平均温度 | 0.825 | |
| 4 | 上年夏季平均温度 | 0.803 | |
| 5 | 500 hPa 经向环流指数 | 0.410 | |
| 6 | 春季植被覆盖度 | | 0.872 |
| 7 | 上年夏季植被覆盖度 | | 0.826 |
| 8 | 春季土壤湿度 | | 0.729 |
| 9 | 上年夏季降水量 | | 0.715 |
| 10 | 上年夏季土壤湿度 | | 0.692 |
| 11 | 春季降水量 | | 0.643 |
| 12 | 500hPa 纬向环流指数 | | 0.215 |

对于第一因子，它与春季大风日数、全年大风日数、春季平均温度和上年夏季平均温度的相关系数均很高，绝对值达到0.8以上。对于因子2，它与植被覆盖度、土壤湿度和降水量的相关性比较高。主导因子分析的结果显示：因子1所反映的变量是大风日数和平均温度，因子2所反映的变量是植被覆盖度、土壤湿度和降水量。由于强风是沙尘暴灾害发生的动力条件，同时温度的剧烈变化可导致热力不稳定，在春季易产生上升气流。因此，因子1可以称为沙尘暴灾害发生的动力因子。植被覆盖度和土壤湿度是衡量下垫面状况的两个重要参数，降水量是地表土壤水分的主要来源，也直接影响地表植被的生长状况，因此降水量通过改变土壤湿度和植被覆盖度状况来影响沙尘暴。三者相互影响，都是沙尘暴灾害发生、发展和强弱变化的重要下垫面参数，与动力因子相反，植被覆盖度和土壤湿度是阻碍沙尘暴发生的重要因素。因此，因子2称为沙尘暴发生和发展的阻力因子。其中，500 hPa 经向环流指数和沙尘暴之间相关性不是很强，它主要通过影响风速和温度变化来影响沙尘暴的发生和传输。

为了进一步探讨动力因子和阻力因子对沙尘暴灾害发生和发展的影响程度，将分析得出的因子与相应的春季沙尘暴发生日数、持续时间和全年沙尘暴发生日数进行相关分析，相关系数矩阵见表4-8。

表 4-8　所选因子与沙尘暴发生日数和持续时间的相关系数矩阵

| 沙尘暴 | 动力因子 | 阻力因子 |
| --- | --- | --- |
| 春季沙尘暴日数 | 0.182** | -0.391** |
| 春季沙尘暴持续时间 | 0.152** | -0.418** |
| 全年沙尘暴日数 | 0.081** | -0.224** |
| 全年沙尘暴持续时间 | 0.073** | -0.308** |

注：样本数 $N$=660；** 为通过了 0.01 的显著性检验

分析表 4-8 发现，无论是春季沙尘暴日数和持续时间，还是全年的沙尘暴日数和持续时间，动力因子与其的相关系数远低于阻力因子，这表明在影响沙尘暴灾害发生、发展的动力因子和阻力因子中，阻力因子所起的作用更加重要，它们是沙尘暴发生的内因所在，当植被覆盖度高、土壤湿度大的时候，风再大，也很难产生沙尘暴。相反，强风等动力因子是沙尘暴产生和发展的外在因素，当植被覆盖度低、土壤湿度值低、沙源充足的情况下，也就是达到沙尘暴发生的临界状态时，强风等动力因素才能成为沙尘暴灾害的主导因子。因此，遏制沙尘暴灾害的根本方法，不在于治理沙尘暴本身，而在于改善内蒙古干旱半干旱地区的植被覆盖状况，减缓土地退化，处理好发展和生态环境建设的关系。

## 4.4　二维致灾变量的选取

### 4.4.1　地理位置

途径内蒙古自治区影响北京及华北地区的两条沙尘暴路径中，最短也是最直接影响北京及其周边地区的一条是北方路径。镶黄旗位于内蒙古中部的锡林郭勒盟西南端（113°22′E～114°45′E，41°56′N～42°04′N），正位于北方路径中轴线的中心点，处于农牧交错带上。镶黄旗属半干旱大陆性季风气候，地区年降水量为 267.9mm，主要降水集中在夏季（6～8 月），约占全年降水量的 65.2%，降水偏少且分布不均。蒸发旺盛，年均蒸发量为 2250.0mm，土壤含水量低。镶黄旗全年盛行西、西北风，月平均最大风速为 6.1m/s。平均年大风日数为 59d，年最多大风日数达 121d，各月均有大风出现。瞬间最大风速达 26m/s（10 级）。土壤类型主要有栗钙土、石质土、草甸土、风沙土 4 种。镶黄旗北部由于浑善达克沙地的南移，大多为固定和半固定沙丘，形成了砂质土壤。降水量少、土壤湿度低、荒漠化严重、生态环境脆弱等因素使镶黄旗成为了沙尘暴灾害高发区。

在资料获取方面，镶黄旗既是国家基准气象站，又是内蒙古自治区具有下垫面要素观测值的农业气象站，具有连续完整的气象要素观测数据和下垫面要素观测数据。综合考虑以上因素，选取了镶黄旗作为典型站点进行研究，如图 4-8 所示。

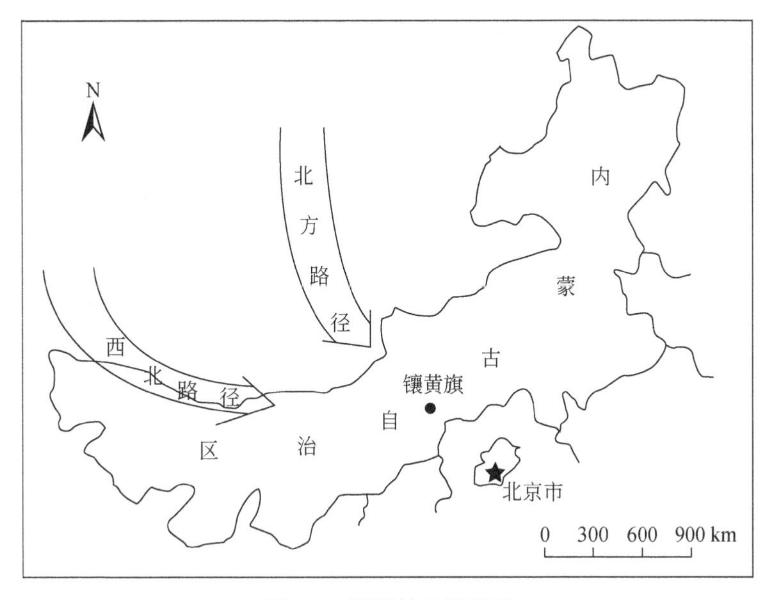


图 4-8 研究站点示意图

### 4.4.2 致灾变量选择和数据获取

根据内蒙古地区沙尘暴个例谱和沙尘天气统计年鉴的统计，1990 ~ 2006 年春季（3 ~ 5 月）镶黄旗站共有 69 个沙尘暴发生日，因此选取 69 个沙尘暴发生日的沙尘暴持续时间和对应沙尘暴发生日的主要气象要素和下垫面要素进行分析。

根据 4.3 节基于致灾机理的致灾因子分析结果，选取沙尘暴灾害的主要致灾因子进行联合分布研究。由于对沙尘暴灾害，起决定性作用的致灾因子还是近地面气象要素和下垫面要素，其中沙尘暴灾害的主要正向动力因子是大风日数和平均温度，负向阻力因子依次为植被覆盖度、土壤湿度和降水量。由于本章以沙尘暴发生日为进一步的研究对象，而植被覆盖计算所用的 NDVI 数字影像空间分辨率为 8km×8km，时间分辨率为 10d（旬），对于镶黄旗来说，沙尘暴灾害发生频繁，连续几个沙尘暴发生日的植被覆盖度变化不大且无法对应到日值，因此下垫面要素选取土壤湿度。气象要素中的风速选取沙尘暴发生日的最大风速和平均风速表示，温度选取日平均温度和平均地表温度进行分布。

本章所用的气象观测数据来源于中国气象科学数据共享服务网和内蒙古自治区气象局。土壤湿度数据来源于镶黄旗农业气象站观测资料。在同样的气象条件下，沙尘暴途经区域下垫面的土壤质地及其湿度状况直接影响着沙尘暴的形成。目前在研究土壤湿度与沙尘暴发生发展的关系时，所用的资料通常为农业气象站提供的以旬为时间单位的观测资料，这些资料时间间隔比较大，无法与沙尘暴发生时间尺度相匹配，也无法解析土壤湿度的日变化特征。本章选取以旬为间隔的农业气象站土壤湿度的测量值（土壤重量含水率），结合内蒙古中西部地区典型站点的土壤湿度实测数据和同期的地面气象逐日观测资料，运用前期降水指数法原理、水量平衡原理并结合最小二乘法，建立了一个干旱半干旱地区的土壤湿度插值模型来获取连续的土壤湿度值，为下面沙尘暴发生日致灾因子的分析提供数据支持（刘雪琴等，2009）。

### 4.4.3 致灾变量的相关分析

对选取的致灾因子与沙尘暴持续时间进行相关性分析，分析结果见表4-9，可见呈现正相关的要素中，日平均风速对沙尘暴持续时间的影响最大。负相关要素中，土壤湿度对沙尘暴持续时间的影响最大。不难理解，对于沙尘暴的发生和起沙条件来说，最大风速对其有至关重要的作用。但是，针对沙尘暴持续时间，不仅需要达到起沙的风速，还需要达到起沙风速的长时间持续。因此，沙尘暴发生日的平均风速会对持续时间相关性更强。而降水量对沙尘暴灾害的影响主要是通过改变土壤水分含量，增大起沙风速来实现。一般而言，降水是一个短暂的过程，而土壤湿度的变化相对缓慢，并且会有相应的滞后性，然后达到一个稳定的值。因此，土壤湿度对沙尘暴持续时间的影响比降水量更加直接。

因此选取日平均风速作为沙尘暴持续时间的第一个指标特征变量，记做 $X$，代表气象要素类的致灾因子，为动力因子；土壤湿度作为第二个指标特征变量，记做 $Y$，代表下垫面要素类的致灾因子，为阻力因子。通过 $X$ 和 $Y$ 两个主要致灾因子，进行沙尘暴灾害持续时间 $D$ 的研究。平均风速与土壤湿度和沙尘暴持续时间之间存在显著的相关性，如图4-9所示。因此考虑建立 $D$ 和 $X$、$Y$ 的线性回归模型。

**表 4-9　沙尘暴主要致灾因子与沙尘暴持续时间的相关分析**

| 影响因子（日值） | 沙尘暴持续时间（日值） | |
|---|---|---|
| | 相关系数 $R$ | 样本数 $N$ |
| 降水量 | -0.128 | 69 |
| 土壤湿度 | -0.405** | 69 |
| 平均地表温度 | 0.232* | 69 |
| 平均温度 | 0.198 | 69 |
| 平均风速 | 0.624** | 69 |
| 最大风速 | 0.462** | 69 |

*为通过了0.05的显著性检验，**为通过了0.01的显著性检验，其他为未通过。

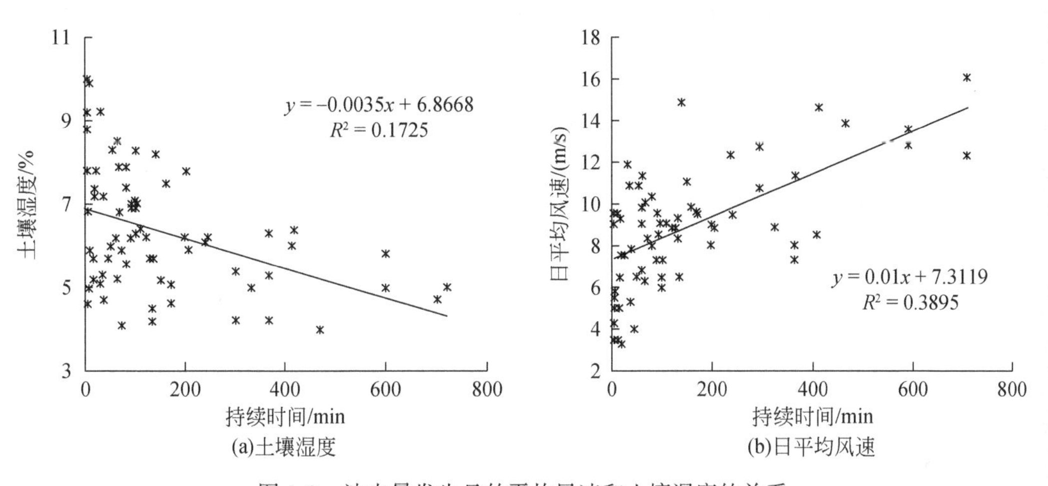


图 4-9　沙尘暴发生日的平均风速和土壤湿度的关系

## 4.5　基于线性回归的二维变量分析方法

由表4-9可知，日平均风速和土壤湿度均与相应的沙尘暴持续时间具有显著的相关性，首先分别基于单变量对沙尘暴持续时间（$Y_D$）进行回归分析，建立线性回归方程：

$$Y_D = -193.408 + 39.057x \tag{4-9}$$

$$Y_D = 456.210 - 48.218y \tag{4-10}$$

然后用传统的多变量分析方法对两变量建立多元线性回归方程：

$$Y_D = 83.510 + 36.689x - 40.445y \tag{4-11}$$

得到回归方程参数值（表4-10）。

表 4-10 回归方程参数值

| 自变量 | $R$ | $R^2$ | 估计值标准差 | $F$ | Sig. |
| --- | --- | --- | --- | --- | --- |
| $x$ | 0. 624 | 0. 389 | 135. 80 | 42. 74 | 0. 000 |
| $y$ | 0. 405 | 0. 164 | 158. 91 | 13. 15 | 0. 001 |
| $x$ 和 $y$ | 0. 710 | 0. 503 | 123. 39 | 33. 46 | 0. 000 |

回归系数均通过了0. 05 显著性水平的 $T$ 检验，因此回归系数具有显著意义。复相关系数 $R$ 也均通过了 0. 01 显著性水平的检验。为了判断模型中各个因素的作用是否显著，常通过方差分析来进行检验，比较回归平方和与残差平方和构成的统计量：

$$F = (SS_R/p)/[SS_E/(n-p-1)] \sim F_\alpha(p,\ n-p-1) \tag{4-12}$$

式中，$SS_R$为回归平方和；$SS_E$为残差平方和；$p$ 为独立自变量数；$n$ 为样本容量。计算的 $F$ 值大于表中临界值，说明本方程回归效果是显著的。利用回归效果的 $F$ 检验（信度为0. 05），单变量和两变量回归模型的 $F$ 值分别为 42. 74、13. 15 和 33. 46，检验的临界值 $F_\alpha$分别为 3. 98、3. 98 和 3. 11，所得的 $F$ 值远大于表中临界值 $F_\alpha$，说明方程回归效果达到显著性水平，通过检验。判定系数 $R^2$也能表示方程的模拟效果，$R^2$为回归平方和占总离差平方和的比值，表示 $Y_D$ 的全部变异中能被模型中自变量解释的比例。

用 Durbin-Watson 检验来验证回归模型残差的独立性，其参数值 DW 的取值范围在 0 ~4。当|DW−2|过大时拒绝零假设，当|DW−2|在 2 附近说明残差与自变量相互独立。

$$DW = \sum_{i=2}^{n} (e_i - e_{i-1})^2 \Big/ \sum_{i=2}^{n} e_i^2 \tag{4-13}$$

式中，$e_i$为回归方程的残差，两变量的回归方程得出的 DW 值为 2. 135，接近于 2，可以说明残差与自变量是相互独立的。因此可以得出，回归方程的常数项和回归系数的估计精度较高，模型优度较好。

图 4-10（$a_1$）（$b_1$）和（$c_1$）分别为基于变量 $X$、变量 $Y$ 及变量 $X$ 和 $Y$ 计算得出的沙尘暴持续时间观测值和回归标准化预测值散点图，（$a_2$）和（$b_2$）分别为基于变量 $X$、变量 $Y$ 的线性回归方程计算得出的持续时间理论值和观测值累计概率散点图，$R^2$分别为 0. 869 05 和 0. 841 37，基于 $X$ 和 $Y$ 两变量得出的理论值

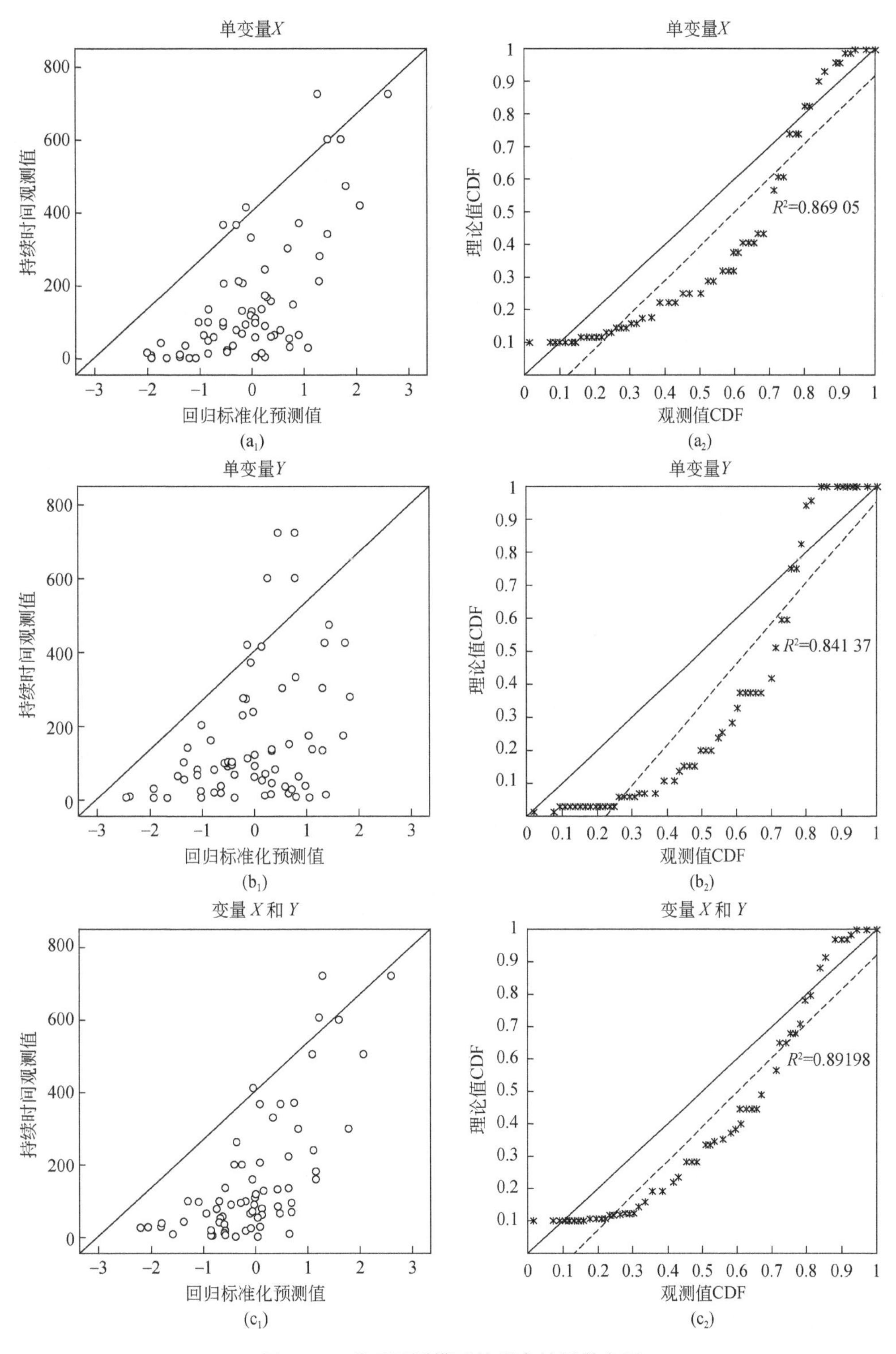


图 4-10 基于不同模型的拟合结果散点图

注：($a_1$)、($b_1$) 为持续时间观测值和分别基于 $X$、$Y$ 单变量回归的标准化预测值散点图，($c_1$) 为持续时间观测值和基于双变量回归的标准化预测值散点图。($a_2$)、($b_2$) 为持续时间的实验累计概率和分别基于 $X$、$Y$ 单变量回归的理论累计概率；($c_2$) 持续时间的实验累计概率和基于双变量回归的理论累计概率

和观测值累计概率的 $R^2$ 为 0.891 98（$c_2$）。可见，考虑两个变量的结果要优于基于单变量的结果。但是，基于单变量和基于两变量的线性回归分析，对沙尘暴持续时间发生概率的预估值都有中低值偏低，高值偏高的现象，如图 4-10（$a_2$）、（$b_2$）和（$c_2$）所示。因此，多元线性回归模型并不能很好地解决多维联合概率分析的问题。

## 4.6 基于 Copula 函数的二维联合分布

在沙尘暴发生和不发生的情况下，日平均风速、土壤湿度值的概率分布形式有明显的不同，沙尘暴发生日的平均风速明显大于沙尘暴未发生日的平均风速，相反，沙尘暴发生日的土壤湿度明显低于沙尘暴未发生日的土壤湿度值（李宁等，2005），本章仅考虑沙尘暴发生日对应的变量分布模型。

### 4.6.1 单变量分布模型的确定

结合国内现有的一些研究成果（张强等，2003；李宁等，2005；黄浩辉等，2007；庞文保等，2009），针对沙尘暴灾害致灾因子日平均风速和土壤湿度的直方图（图 4-11），选择正态分布、指数分布、Weibull 分布、Logistic 分布、Gamma 分布和极值 I 型分布作为理论分布函数的分析对象。如前面所述统计推断的基本问题就是如何根据已有的样本资料对致灾要素总体的统计特征进行推断，参数估计是其中非常重要的一步。由于以上模型均为指数型，本书的参数

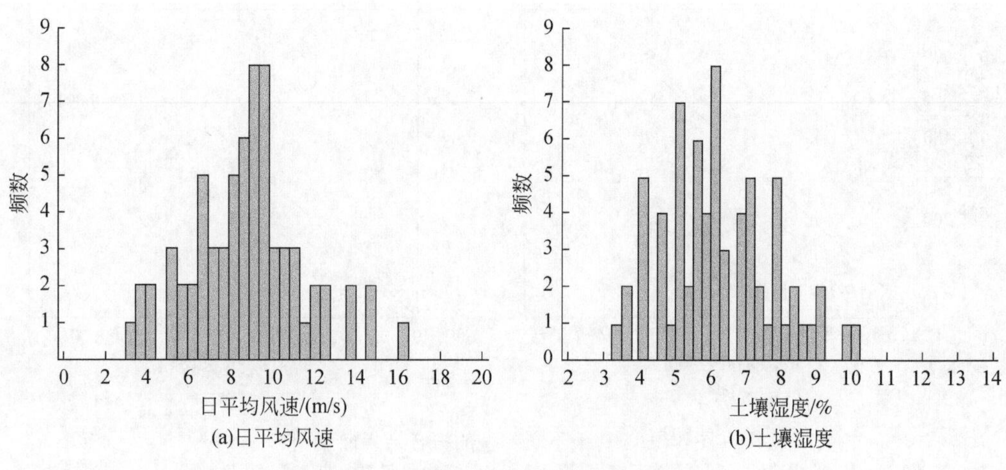


图 4-11　两致灾因子变量的直方图

估计应用极大似然估计法（MLE）。极大似然估计法具有良好的统计特性（如一致性、有效性和不变性），是参数估计的一种稳健方法，因此也是常用的参数估计方法之一（茆诗松，2003）。本书的计算过程通过 Eviews 软件和 MATLAB 软件实现，具体各分布函数的参数见表 4-11。

**表 4-11　各种分布模型的参数估计一览表**

| 变量 | 正态分布 | | 指数分布 | | Weibull 分布 | |
|---|---|---|---|---|---|---|
| | $\mu$ | $\sigma$ | $\alpha$ | $\mu$ | $s$ | $\alpha$ |
| 日平均风速/(m/s) | 8. 817 4 | 2. 756 7 | 3. 3 | 5. 517 4 | 9. 793 5 | 3. 507 6 |
| 土壤湿度/% | 6. 247 8 | 1. 546 7 | 3. 3 | 2. 947 8 | 6. 849 9 | 4. 366 9 |
| 变量 | Logistic 分布 | | Gamma 分布 | | 极值 I 型分布 | |
| | $\mu$ | $s$ | $s$ | $r$ | $m$ | $s$ |
| 日平均风速/(m/s) | 8. 775 3 | 1. 539 1 | 0. 933 4 | 9. 446 1 | 7. 471 1 | 2. 565 5 |
| 土壤湿度/% | 6. 182 4 | 0. 887 9 | 0. 379 8 | 16. 448 7 | 5. 507 3 | 1. 348 8 |

在估计出两个致灾因子变量 6 种分布模型的参数之后，就可以很容易得出单变量分布模型的具体形式和相应的概率分布曲线。通过日平均风速和土壤湿度的直方图、拟合概率曲线和相应的 Q-Q 图可以初步判断出（图 4-12 ~ 图 4-15），对于日平均风速，正态分布、Weibull 分布、Logistic 分布的拟合效果都比较好，其次是 Gamma 分布和极值 I 型分布，拟合效果最差的是指数分布。对于土壤湿度，正态分布、Logistic 分布和 Gamma 分布的拟合效果比较好，Weibull 分布和极值 I 型分布拟合效果其次，指数分布拟合的效果最差。根据两个致灾因子变量 6 种分布函数模型的拟合概率曲线和相应的 Q-Q 图的直观判断，可以首先排除指数分布。

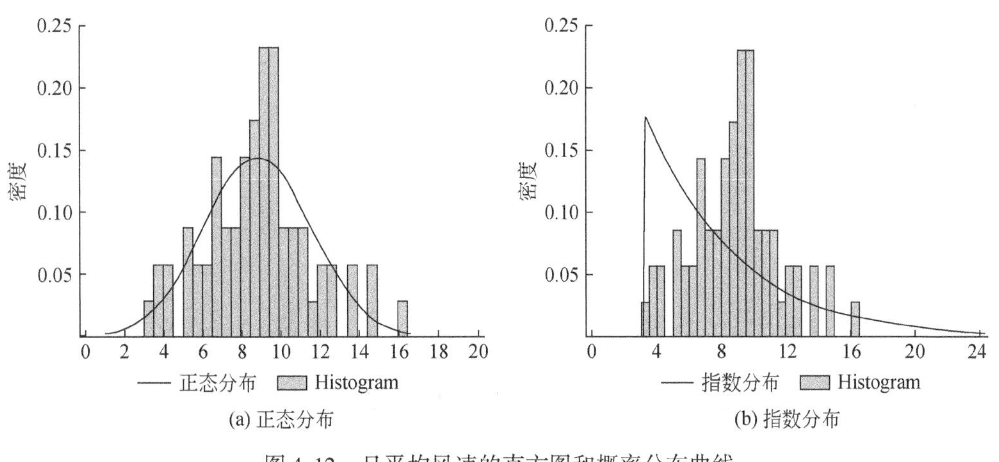

(a) 正态分布　(b) 指数分布

图 4-12　日平均风速的直方图和概率分布曲线

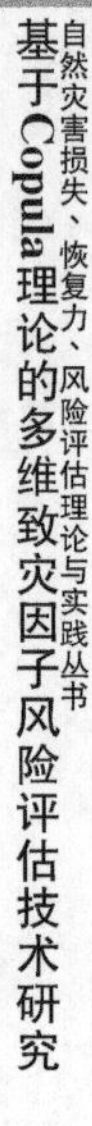


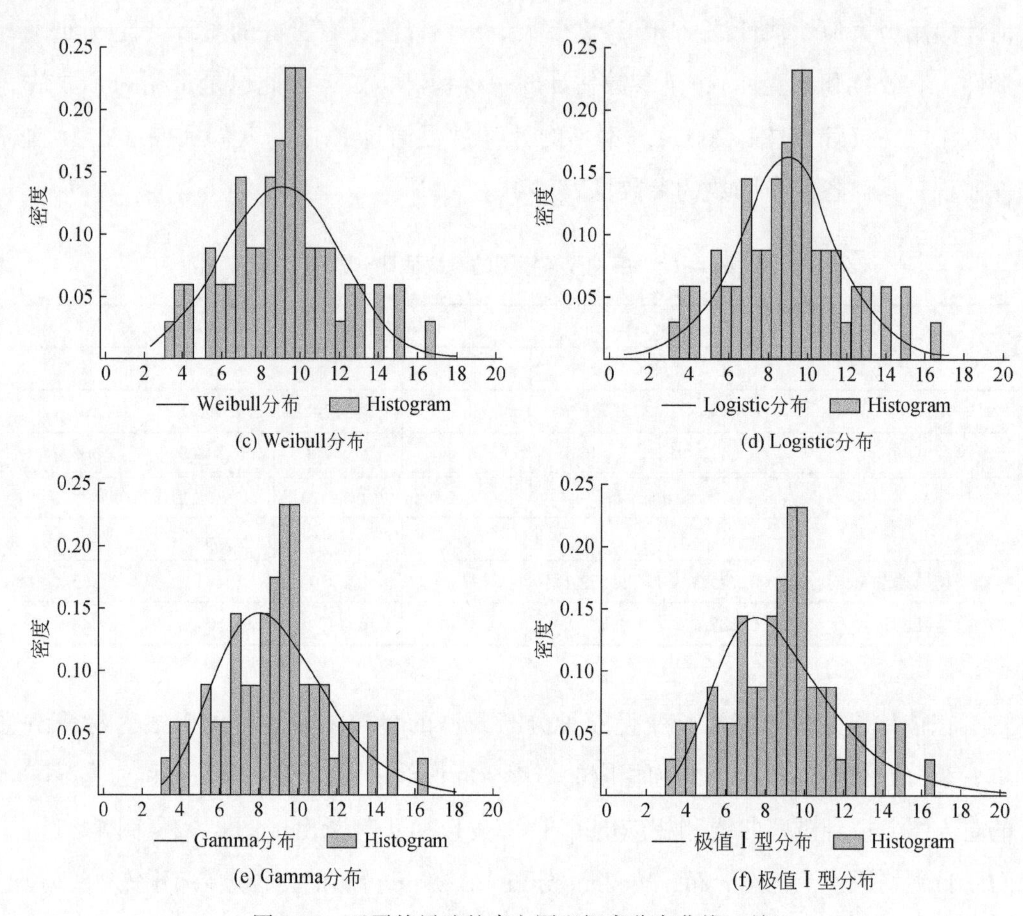


(c) Weibull分布

(d) Logistic分布

(e) Gamma分布

(f) 极值Ⅰ型分布

图 4-12　日平均风速的直方图和概率分布曲线（续）

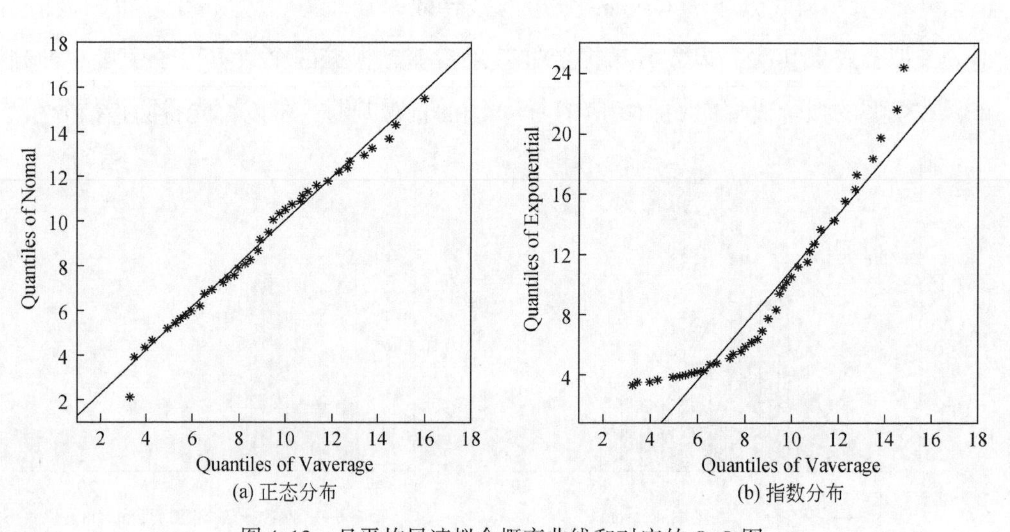


(a) 正态分布

(b) 指数分布

图 4-13　日平均风速拟合概率曲线和对应的 Q-Q 图

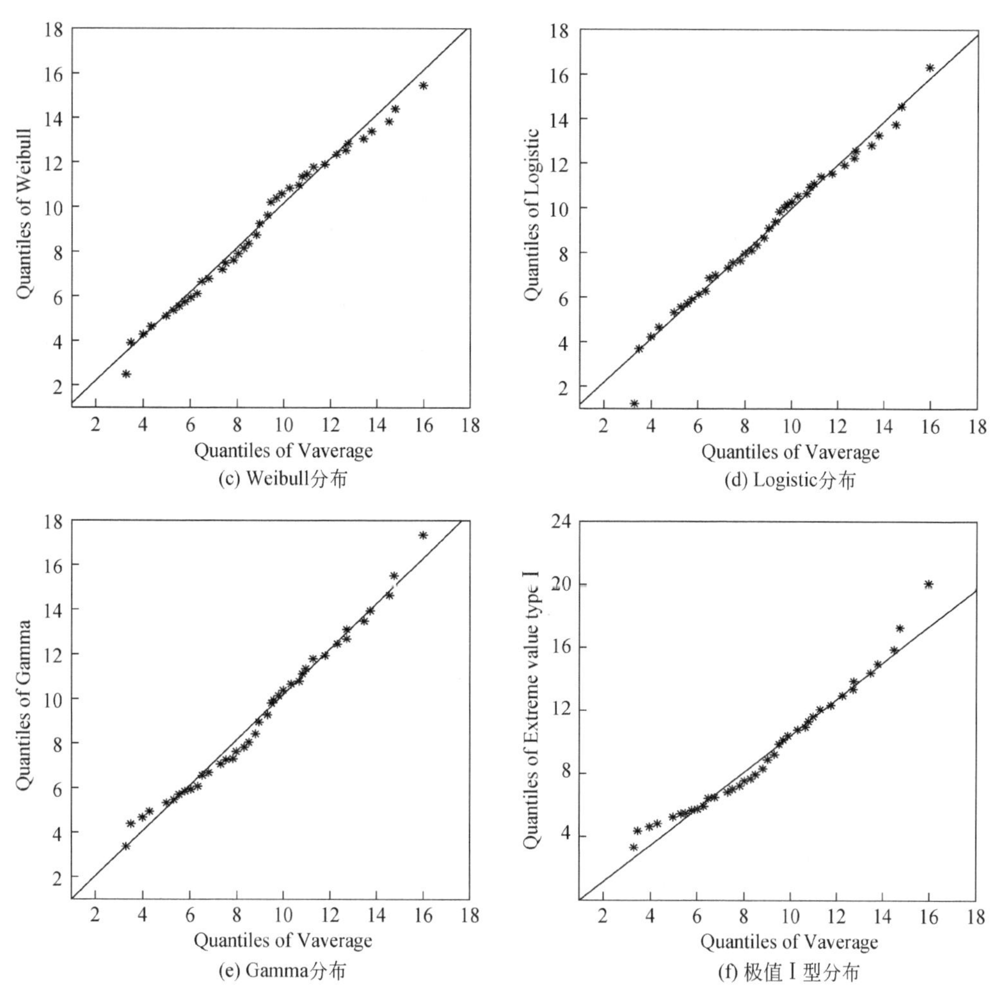


图 4-13 日平均风速拟合概率曲线和对应的 Q-Q 图（续）

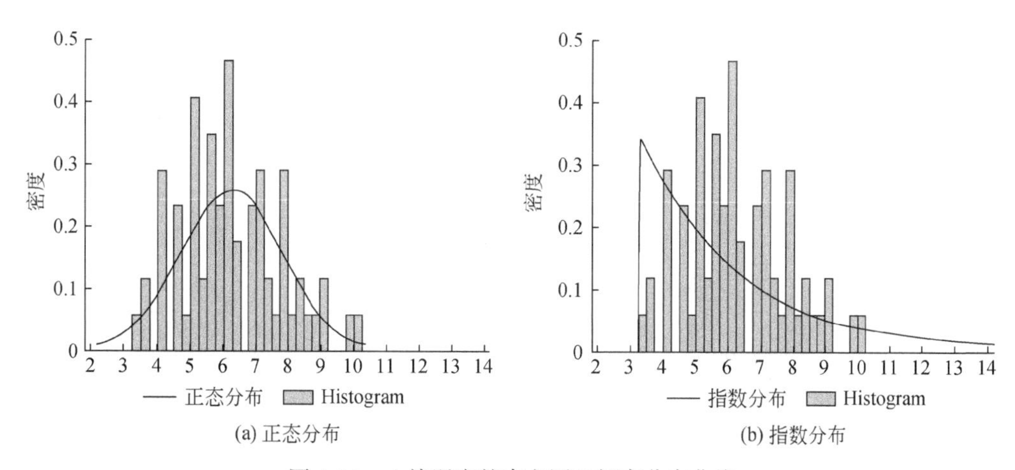


图 4-14 土壤湿度的直方图和概率分布曲线

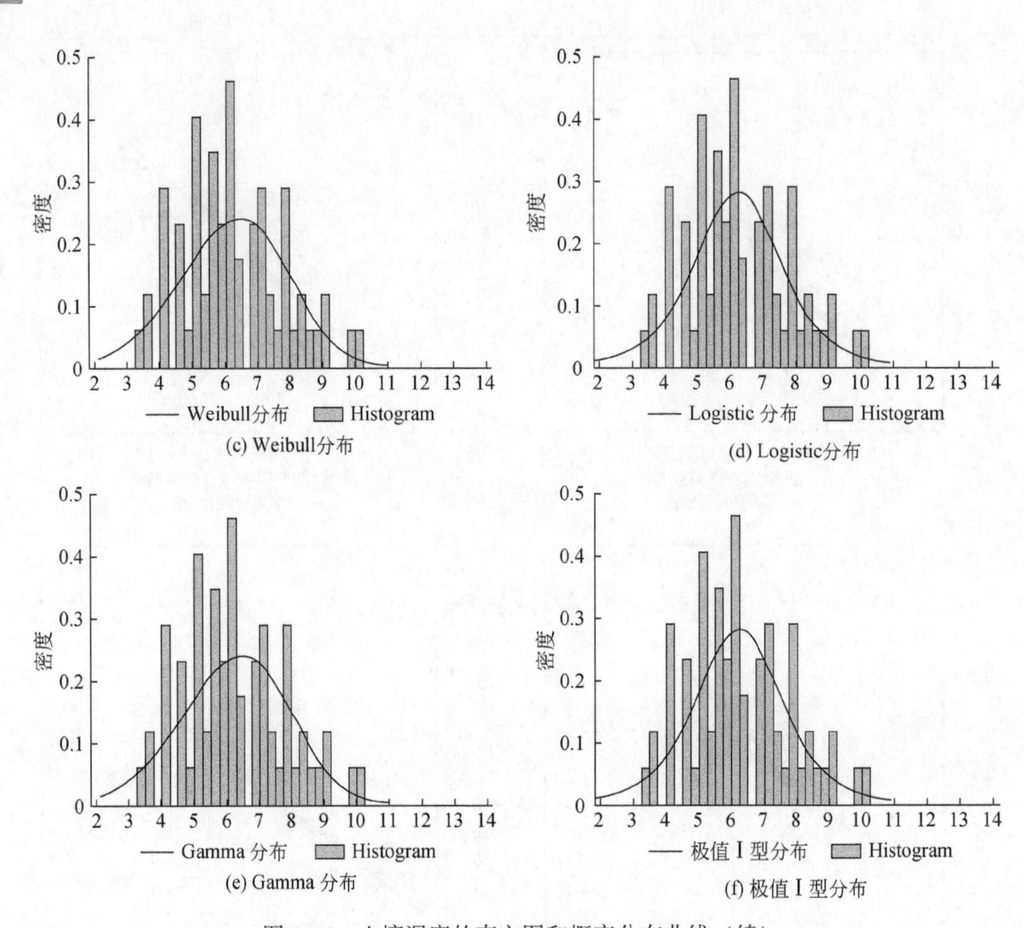


图 4-14　土壤湿度的直方图和概率分布曲线（续）

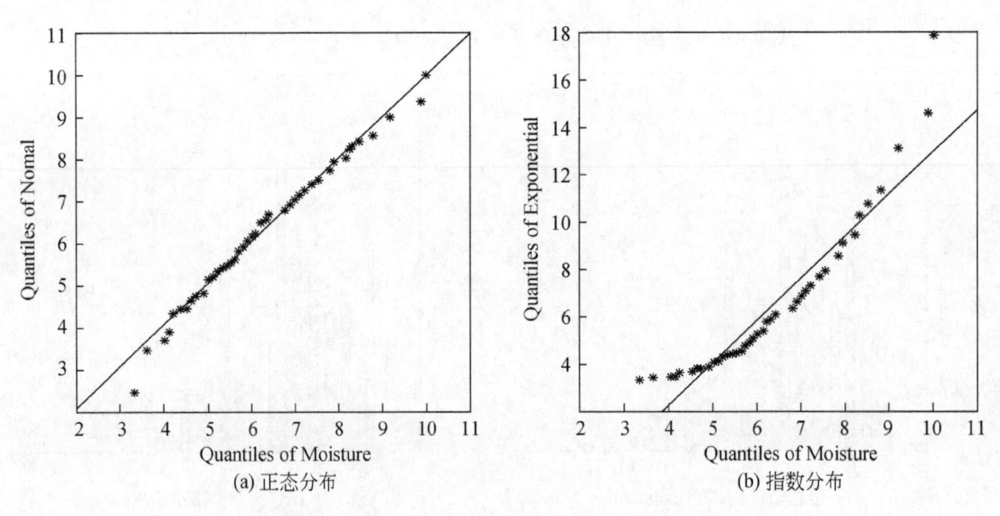


图 4-15　土壤湿度拟合概率曲线的和对应的 Q-Q 图

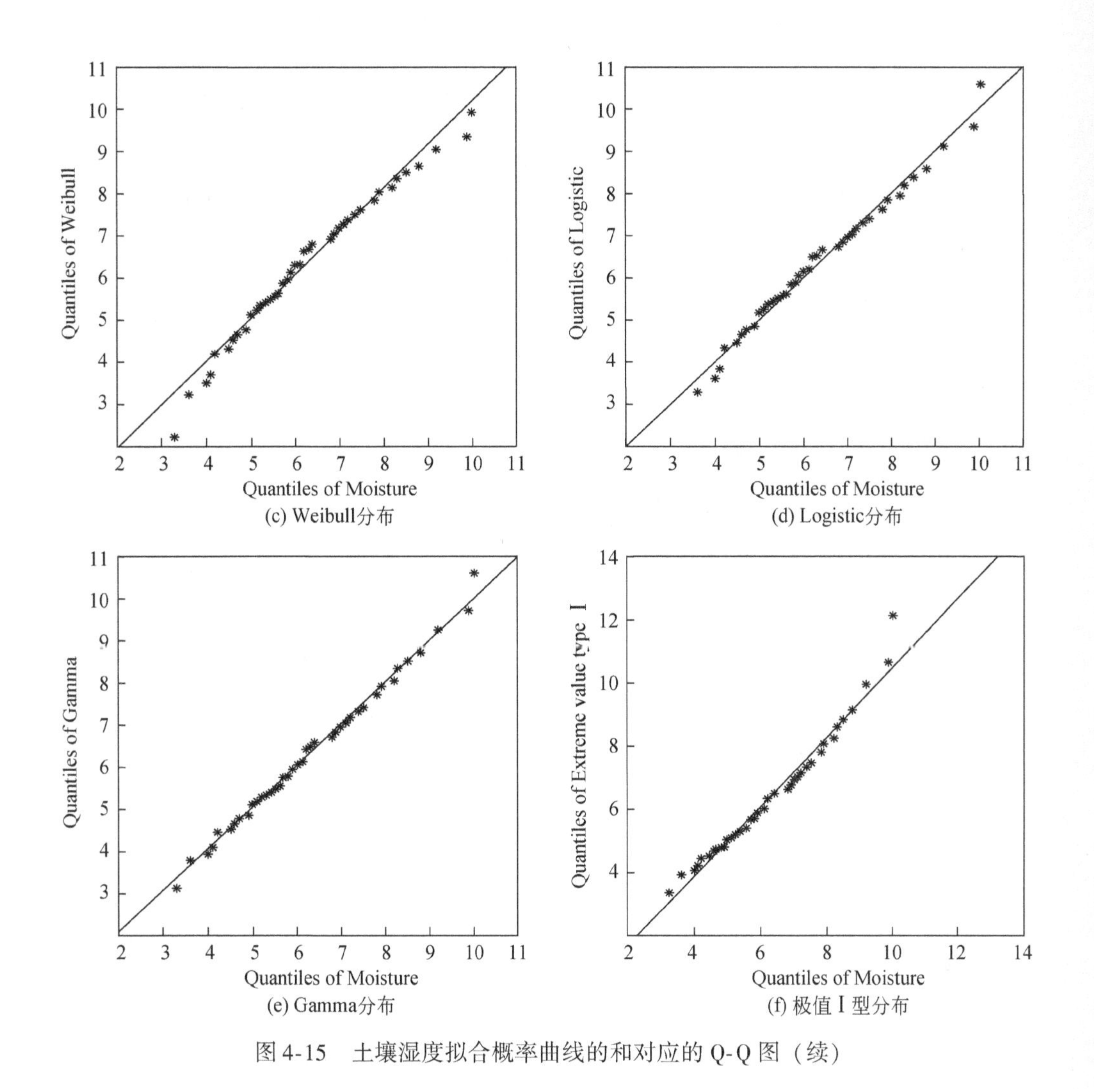


(c) Weibull分布　(d) Logistic分布　(e) Gamma分布　(f) 极值Ⅰ型分布

图 4-15　土壤湿度拟合概率曲线的和对应的 Q-Q 图（续）

本章采用经验判断、参数估计、目测结合 A-D 检验的方法来选择变量的最优分布模型。通过前面对单变量分布模型的构建，已经对个分布模型的优劣有了一个直观的印象和比较。接下来通过 A-D 拟合优度检验的结果定量地判断各分布模型的优劣。A-D 值越小，表示样本观测值服从于某分布的概率越大。6 种分布模型的 A-D 检验结果见表 4-12。

**表 4-12　6 种分布模型的 Anderson-Darling（A-D）检验表**

| 分布类型 | 日平均风速/(m/s) | 土壤湿度/% |
|---|---|---|
| | A-D 值 | A-D 值 |
| 正态分布 | 0.378 4 | 0.339 2 |
| 指数分布 | 17.482 2 | 16.352 4 |

续表

| 分布类型 | 日平均风速/(m/s) | 土壤湿度/% |
|---|---|---|
| | A-D 值 | A-D 值 |
| Weibull 分布 | ***0.316 7*** | 0.516 5 |
| Logistic 分布 | 0.449 3 | 0.358 6 |
| Gamma 分布 | 0.660 3 | ***0.160 0*** |
| 极值Ⅰ型分布 | 1.025 1 | 0.305 4 |

注：粗体表示拟合效果最优的分布

通过对照 A-D 检验表，在 $N=69$ 时，两变量除了指数分布以外，均通过了 0.01 水平下的假设检验。表 4-12 中 6 种分布模型的 A-D 检验结果证实了我们前面的直观印象，对于日平均风速，正态分布、Weibull 分布和 Logistic 分布的 A-D 值都比较小，其中 Weibull 分布拟合效果最优。对于土壤湿度，正态分布、Logistic 分布和 Gamma 分布的 A-D 值比较小，其中 Gamma 分布拟合效果最优。

因此，平均风速 $X$ 和土壤湿度 $Y$ 的边缘分布函数分别为

$$F_X(x|m,\ s,\ \alpha)=\int\frac{\alpha}{s}\left(\frac{x-m}{s}\right)^{\alpha-1}\exp\left[-\left(\frac{-(x-m)}{s}\right)^{\alpha}\right]\mathrm{d}x \tag{4-14}$$

式中，$m=0$，$s=9.7935$，$\alpha=3.5076$。

$$F_Y(y|m,\ s,\ r)=\int s^{-r}(y-m)^{r-1}\exp\left(-\left(\frac{y-m}{s}\right)\right)/\Gamma(r)\,\mathrm{d}y \tag{4-15}$$

式中，$m=0$，$s=0.3798$，$r=16.4487$。

平均风速 $X$ 和土壤湿度 $Y$ 的拟合边缘分布曲线如图 4-16 所示：

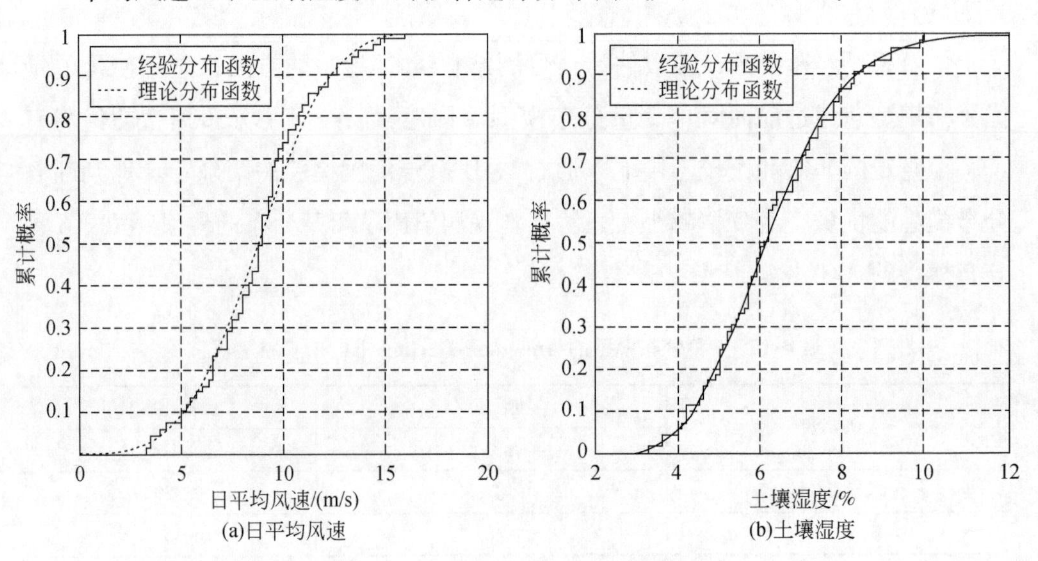


图 4-16　两变量的边缘分布曲线

### 4.6.2 变量间的相关性度量

对选出来的日平均风速和土壤湿度进行相关性度量，见表4-13。

**表4-13 日平均风速和土壤湿度的相关系数**

| $N$ | Pearson's $\rho$ | Kendall's $\tau$ | Spearman's $\rho$ |
|---|---|---|---|
| 69 | −0. 111 | −0. 034 | −0. 061 |

日平均风速和土壤湿度值呈现负相关，但是相关性不显著。图4-17为两者的散点图，图4-18为镶黄旗沙尘暴发生日平均风速和土壤湿度的变化趋势。由此也可以看出，两者间存在一定的相关性，但相关性不明显。

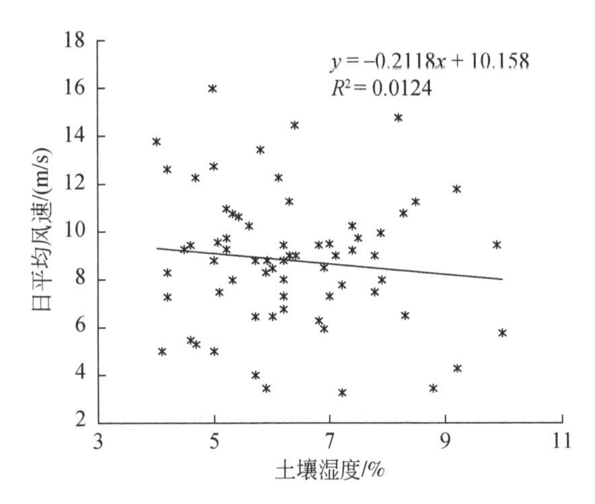


图4-17 沙尘暴发生日平均风速和土壤湿度散点图

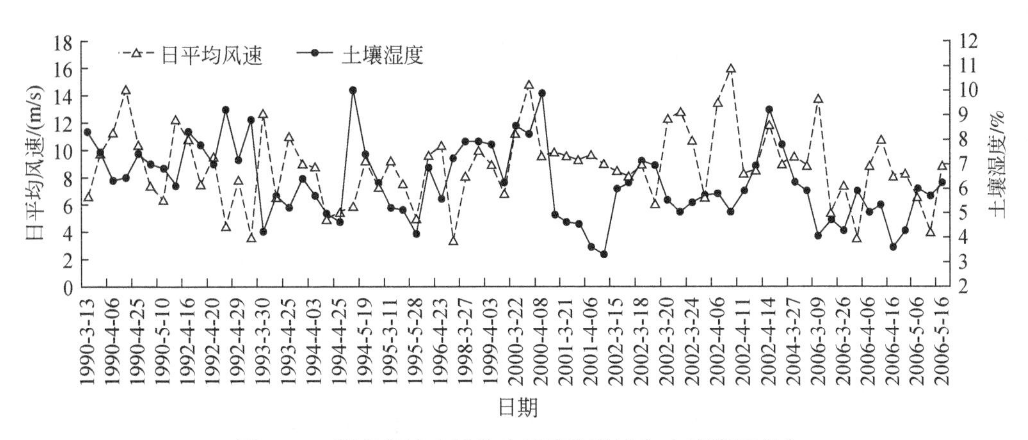


图4-18 镶黄旗沙尘暴发生日平均风速和土壤湿度变化

### 4.6.3 最优 Copula 函数的选择

本书在相关性度量中选用 Kendall 秩相关系数 $\tau$ 来度量变量间的相关性，因为 Kendall 秩相关系数 $\tau$ 不仅可以描述变量之间的线性相关关系，还适用于描述变量之间的非线性相关关系。计算得出平均风速 $X$ 和土壤湿度 $Y$ 的 Kendall 秩相关系数 $\tau=-0.034$，相关系数较低。

对于常用的 Copula 函数，二元正态 Copula 函数可以很好地反映样本数据，常用来描述变量间的相关关系，对相关性适用范围也比较广。但它具有对称性，无法捕捉到变量之间非对称的相关关系。另外，在二元正态 Copula 分布的尾部，两个随机变量是渐近独立的，而对于自然灾害，当极值事件发生时，两变量的相关性会发生很大的变化，通常尾部相关性会趋向于更强。与二元正态 Copula 函数类似，二元 $t$-Copula 函数使用范围也比较广，也具有对称性，与二元正态 Copula 函数不同的是，二元 $t$-Copula 函数具有更厚的尾部，因此对变量间尾部相关的变化更加敏感。Copula 函数中，单参数的 Archimedean 型 Copula 函数由于灵活多变，计算简单，容易扩展到 $N$ 元情景而应用最广泛。最常用的 4 种单参数二元 Archimedean Copula 函数为 Gumbel、Clayton、Frank 和 Ali- Mikhail- Haq（AMH）Copula 函数，其中，Gumbel 和 Clayton Copula 的密度函数具有不对称的尾部，能捕捉到随机变量之间的非对称的尾部相关关系。Gumbel Copula 函数的密度分布呈“J”字形，即上尾高下尾低，Gumbel Copula 函数函数对变量上尾处的变化非常敏感，因此能够很好描述上尾部相关关系的变化。若两个随机变量间的相关结构由 Gumbel Copula 函数的拟合效果最优，则意味着它们在分布的上尾具有更高的相关性。Clayton Copula 函数的密度分布刚好相反，呈“L”字形，即下尾高上尾低，Clayton Copula 函数对变量下尾处的变化非常敏感，因此能够用于描述下尾部具有相关特性的变量间的关系。Frank Copula 函数的密度分布呈现“U”字形，具有对称性的特征。如果随机变量间的相关结构由 Frank Copula 函数拟合最优，则意味随机变量间具有对称的相关模式。AMH Copula 函数的密度分布和 Frank Copula 函数的类似，只是它的适用范围更窄。

图 4-19 给出了在秩相关系数相同（$\tau=3$）、变量的边缘分布也相同（均服从标准正态分布）的情况下，仿真次数都为 1000 次，由 Gaussion Copula、$t$-Copula、AMH Copula 和 Frank Copula 四种不同函数得到的随机变量 $X$ 和 $Y$ 的散

点图。分析图 4-19 不难发现，具有相同相关程度和相同边缘分布类型的两个随机变量不一定具有相同的相关模式。

Gumbel 函数和 Clayton Copula 函数只能描述变量间的非负相关关系，而 Frank 函数和 AMH Copula 函数除了可以描述变量间的正相关性，也可以描述其间的负相关关系。其中 AMH Copula 函数不适用于较高的正相关或负相关，而 Frank Copula 函数对相关程度没有限制。根据 Copula 函数的适用范围，初步选定四种 Copula 函数建立 $X$ 和 $Y$ 的联合分布。表 4-14 为四种 Copula 函数的基本形式、参数 $\theta$ 及 $\theta$ 与 Kendall's $\tau$ 的关系。

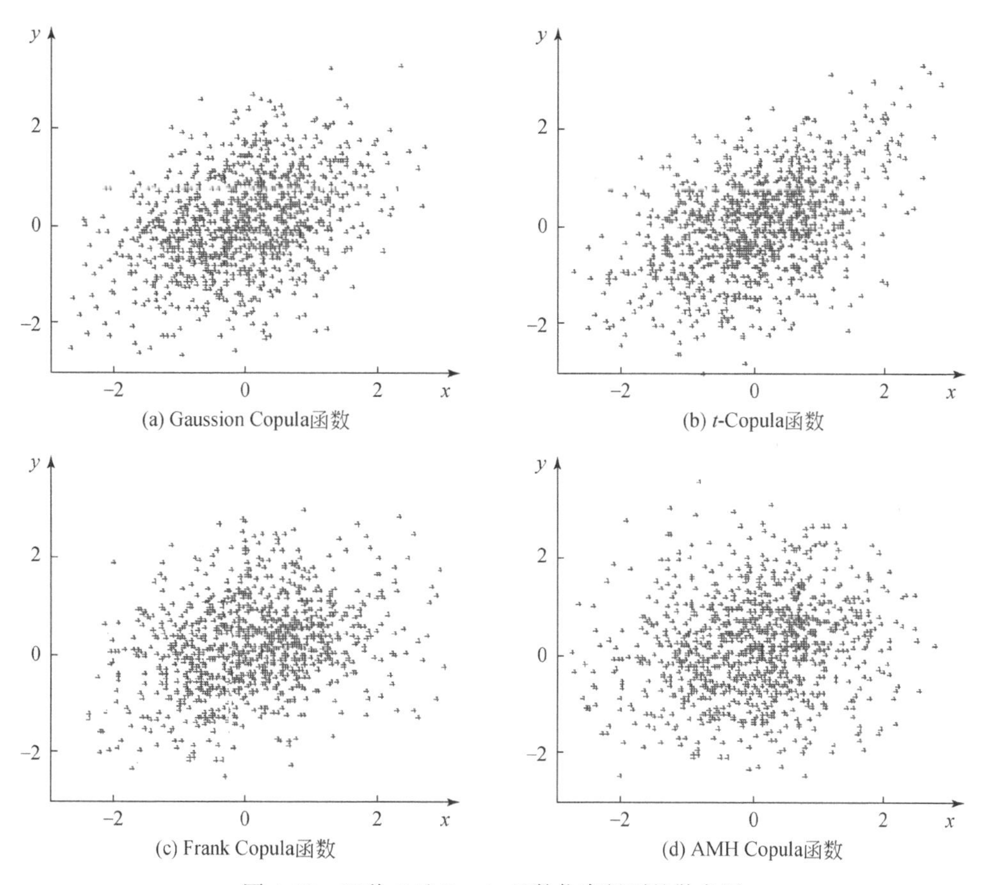


(a) Gaussion Copula函数 (b) $t$-Copula函数 (c) Frank Copula函数 (d) AMH Copula函数

图 4-19　四种二元 Copula 函数仿真得到的散点图

**表 4-14　四种 Copula 函数的基本形式、参数 $\theta$ 及 $\theta$ 与 Kendall's $\tau$ 的关系**

| Copula | 函数基本形式 | 参数范围 | 参数与 Kendall's $\tau$ 的关系 |
|---|---|---|---|
| Gaussian | $C(u_1, u_2, \cdots, u_N; \rho) =$ $\Phi_\rho(\Phi^{-1}(u_1), \Phi^{-1}(u_2), \cdots, \Phi^{-1}(u_N))$ | $\rho \in (-1, 1)$ | $2\arcsin\rho/\pi$ |

续表

| Copula | 函数基本形式 | 参数范围 | 参数与 Kendall's $\tau$ 的关系 |
|---|---|---|---|
| $t$-Copula | $C(u_1, u_2, \cdots, u_N; \rho, k) = t_{\rho,k}(t_k^{-1}(u_1), t_k^{-1}(u_2), \cdots, t_k^{-1}(u_N))$ | $\rho \in (-1, 1)$ $k \geqslant 1$ | $2\arcsin\rho/\pi$ |
| Frank | $C(u, v; \theta) = -\frac{1}{\theta}\ln\left(1 + \frac{(e^{-\theta u}-1)(e^{-\theta v}-1)}{e^{-\theta}-1}\right)$ | $\theta \in (-\infty, \infty)\backslash\{0\}$ | $1 - \frac{4}{\theta}\left[-\frac{1}{\theta}\int_{\theta}^{0}\frac{t}{\exp(t)-1}dt - 1\right]$ |
| AMH | $C(u, v; \theta) = uv/[1-\theta(1-u)(1-v)]$ | $\theta \in [-1, 1)$ | $\left(1-\frac{2}{3\theta}\right) - \frac{2}{3}\left(1-\frac{1}{\theta}\right)^2\ln(1-\theta)$ |

资料来源：韦艳华和张世英，2008

根据式（3-37）~式（3-40）的拟合优度检验（表4-15），Frank Copula 函数无论 RMSE、AIC 还是 Bias 值都是最小，因此，Frank Copula 函数对二维变量联合概率的拟合程度最好。图 4-20 为四种 Copula 函数对联合累计概率拟合的理论值和观测值的散点图，由相应的 $R^2$ 也可以看出 Frank Copula 函数的拟合效果最好（见表4-15 中加粗数据）。

**表 4-15　四种 Copula 函数的参数估计值和拟合优度检验值**

| Copula 函数 | Estimate（s） | RMSE | AIC | Bias |
|---|---|---|---|---|
| Gaussian 函数 | $\rho$=-0.092 2 | 0.0342 3 | -463.69 | 2.999 5 |
| $t$-Copula 函数 | $\rho$=-0.0934；$k$ =6.978 | 0.0343 0 | -463.44 | 5.380 7 |
| Frank Copula 函数 | **$\theta$=-0.485 9** | **0.032 25** | **-471.92** | **2.696 6** |
| AMH Copula 函数 | $\theta$=-0.144 8 | 0.032 29 | -471.74 | 2.737 2 |

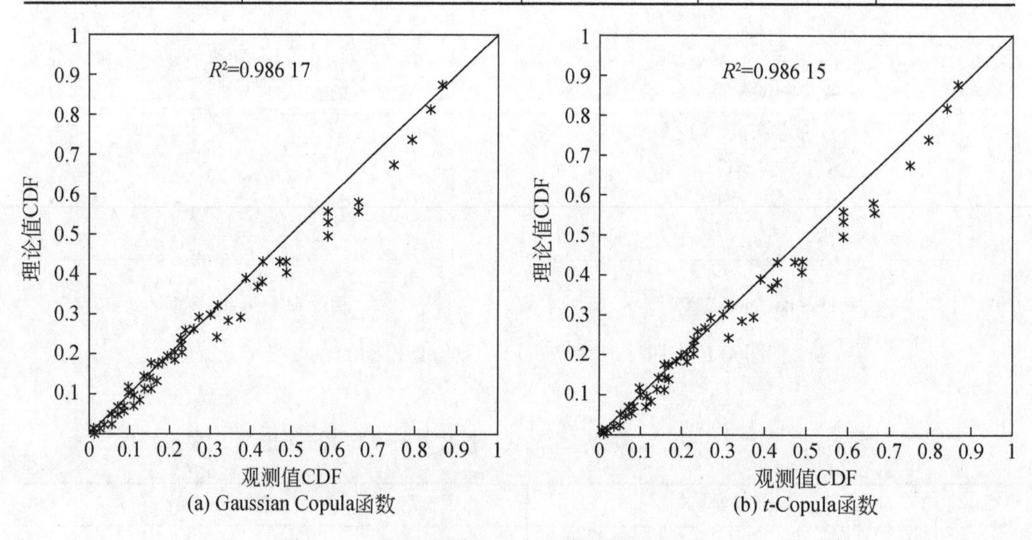

(a) Gaussian Copula函数　(b) $t$-Copula函数

图 4-20　基于不同 Copula 函数的拟合结果比较

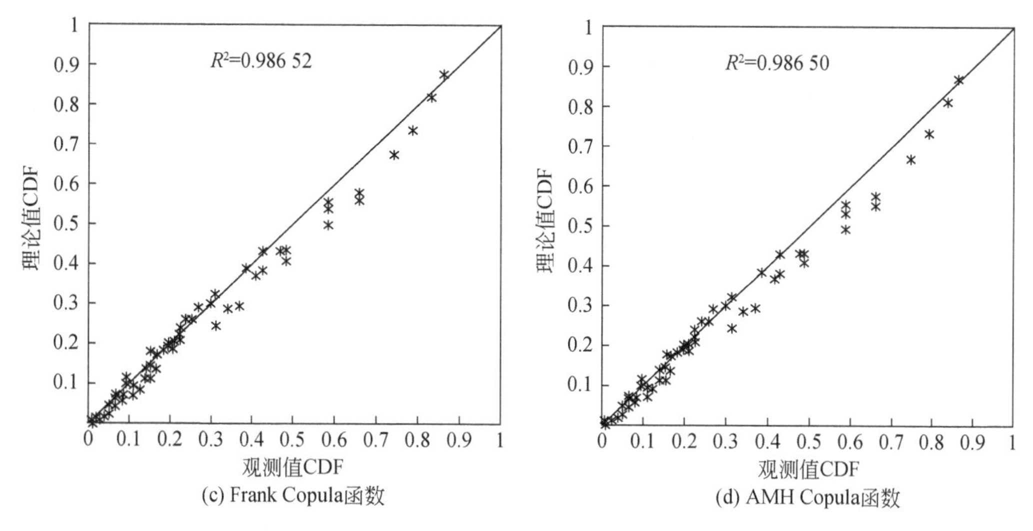


图 4-20 基于不同 Copula 函数的拟合结果比较（续）

基于 Frank Copula 函数的 $X$ 和 $Y$ 联合分布可以表示为

$$
\begin{aligned}
F(x, y) &= C_\theta(u, v) = C_\theta[F_X(x), F_Y(y)] \\
&= -\frac{1}{\theta}\ln\left\{1 + \frac{(e^{-\theta u} - 1)(e^{-\theta v} - 1)}{e^{-\theta} - 1}\right\} \\
&= -\frac{1}{\theta}\ln\left\{1 + \frac{(e^{-\theta \cdot F_X(x)} - 1)(e^{-\theta \cdot F_Y(y)} - 1)}{e^{-\theta} - 1}\right\}
\end{aligned}
\tag{4-16}
$$

式中 $u = F_X(x)$，$v = F_Y(y)$，相应的联合概率密度函数为

$$
f(x, y) = \frac{\partial^2 F(x, y)}{\partial x \partial y} = c_\theta(u, v) = \frac{\theta(1 - e^{-\theta})e^{-\theta(u+v)}}{[(1 - e^{-\theta}) - (e^{-\theta u} - 1)(e^{-\theta v} - 1)]^2}
\tag{4-17}
$$

式中，$\theta$ 为相关参数，$\theta \neq 0$；$\theta > 0$ 表示随机变量 $u$、$v$ 正相关；$\theta \to 0$ 表示随机变量 $u$、$v$ 趋向独立；$\theta < 0$ 表示随机变量 $u$、$v$ 负相关。Frank Copula 函数表达式中的参数 $\theta = -0.4859$，表示随机变量 $X$、$Y$ 负相关。

## 4.7 两种二维变量分析法计算结果的比较

从整体来看，Frank Copula 函数拟合的沙尘暴持续时间累计概率和实际观测累计概率 $R^2 = 0.986\ 52$，$R = 0.9932$，而基于传统多元回归线性方程的拟合累计概率和实际观测的累计概率 $R^2 = 0.891\ 98$，$R = 0.9444$。基于 Copula 函数模型的拟合优度稍高于多元回归线性方程的拟合。

从局部拟合程度看，在图4-21中，基于$X$、$Y$两变量的线性回归方程得出的沙尘暴持续时间发生概率的理论值有中低值偏低，而高值偏高的现象，Frank Copula函数对中低值部分拟合得较好，高值部分稍微有些偏低。虽然二元线性回归模型通过显著性检验，但拟合效果仍存在均较大差异，回归结果的方差高达485 420.8，尤其是分布中部的方差比较大。用这样的模型进行灾害风险分析在结果的不确定性上值得讨论。虽然Frank Copula模型拟合结果和观测值的相关系数比传统回归模型提高了仅0.0588，总体来看提高很少，但是对于自然灾害来说，对上尾部和下尾部的数据（也就是分布两端的极值）拟合精度要求较高。与线性回归模型相比，Frank Copula模型对分布的上下尾部拟合效果更好，减少了一定的不确定性。

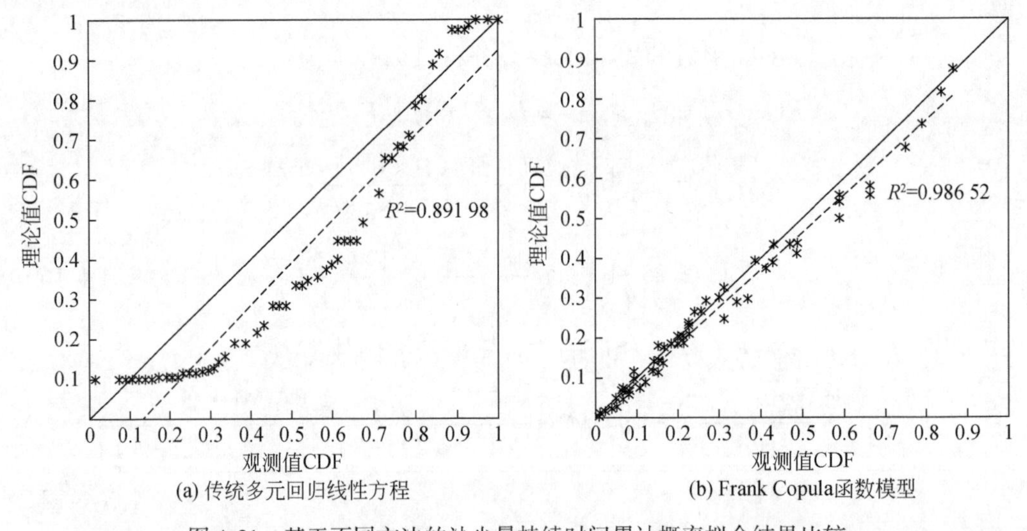


图4-21　基于不同方法的沙尘暴持续时间累计概率拟合结果比较

## 4.8　本章小结

本章介绍了研究区域的概况并进行了春季沙尘暴发生发展的机理分析，基于沙尘暴灾害的致灾机理，选取了对其影响较明显的500 hPa高空环流系统、近地面和下垫面三个不同层面的要素，借助数据统计分析软件，分析了春季沙尘暴灾害发生发展的影响因子和主导因子。并分别用传统的多变量回归方法和Copula函数法对沙尘暴两个主要致灾因子进行了联合分析，并对结果进行了比较，得出如下结论。

（1）通过主导因子分析法得出，大风日数、平均温度和500 hPa 经向环流指数是春季沙尘暴灾害的正向致灾因子，为动力因子。植被覆盖度、土壤湿度和降水量是春季沙尘暴灾害的负向致灾因子，为阻力因子，其中植被覆盖度和土壤湿度是主要的阻力因子。在影响春季沙尘暴灾害发生、发展的动力因子和阻力因子中，阻力因子所起的作用更加重要，它们是春季沙尘暴发生的内因所在，当植被覆盖度高、土壤湿度大的时候，很难产生沙尘暴。相反，风等动力因子是春季沙尘暴产生和发展的外在因素，当植被覆盖度低、土壤湿度值低、沙源充足的情况下，也就是达到春季沙尘暴发生的临界状态时，强风等动力因素才能成为春季沙尘暴灾害的主导因子。

（2）500 hPa 经向环流指数与春季月沙尘暴日数显著正相关，但是与持续时间没有明显的相关性。500 hPa 纬向环流指数与春季月沙尘暴日数和持续时间均无明显的相关关系。因此，对春季沙尘暴灾害，起决定性作用的致灾因子还是近地面气象要素和下垫面要素。

（3）对沙尘暴灾害而言，考虑两个致灾因子的结果要优于传统的考虑单个变量的结果。因此，对于日后的灾害风险分析，多致灾因子、多特征变量的研究非常有必要。

（4）沙尘暴两个主要致灾因子变量间没有明显的负相关关系（未通过 0.05 的显著性检验），对于较低负相关的情况，Frank Copula 函数模型的拟合程度最好。

（5）对于沙尘暴发生日的平均风速，正态分布、Weibull 分布和 Logistic 分布拟合效果都比较好，其中 Weibull 分布拟合效果最优。对于土壤湿度，正态分布、Logistic 分布和 Gamma 分布均能较好地描述其分布形态，其中 Gamma 分布拟合效果最优。

（6）综合来看，Frank Copula 函数模型的拟合优度稍高于多元回归线性方程的拟合，拟合结果和观测值的相关系数比传统回归模型仅提高了 0.0588。但从局部来看，与线性回归模型相比，Frank Copula 模型对两端极值部分的拟合优度要提高很多，特别对分布的下尾部分拟合更好。针对自然灾害，对上尾部和下尾部的数据（也就是分布两端的极值）拟合精度的意义更大。因此，用 Copula 模型构建二维联合分布进行自然灾害的概率研究对于分析沙尘暴形成机制和风险大小具有重要参考价值。

# 5 基于预警指标的强沙尘暴二维联合重现期研究

沙尘暴灾害的危害已为科研人员和公众所熟知。特别是强沙尘暴和特强沙尘暴，发生时因浓密的沙尘遮天蔽日，能见度差，又遭强风裹挟，持续时间长等原因，容易造成交通事故、人畜走失或落水死亡、农田牧场被沙埋等后果，导致巨大的损失。例如，仅 1993 年 5 月 5 ~ 6 日的特强沙尘暴事件，就造成了内蒙古地区阿拉善盟 133 万头牲畜受灾，9.8 万头牲畜死亡。农作物受灾面积达到 1.8 万 $hm^2$，当年 85% 的农作物和 95% 的经济作物被沙埋，沙压草场 180 万 $hm^2$。阿拉善盟直接经济损失达 6000 余万元，对当地当年的经济状况是一个非常大的打击。因此，如果能够及时、准确、快速客观地评估出强沙尘暴灾害的重现时间，特别是极端的灾害事件重现时间，加强预测预警和预防方面的工作，就能大大减轻相应的损失。

重现期指的是某种事件在多次试验里重复出现的时间间隔平均数，也就是平均的重现间隔期。更确切一点是大于或等于某一指定值的事件，每出现一次平均所需的时间间隔。在气象上称为某种事件的周期，在防灾减灾工作中则称为重现期（姚莉等，2010）。用图 5-1 可以简单表示其定义，设定超过 $Q_0$ 值称为一次灾害事件，$Q_0$ 值以上线段相隔的区域就是灾害事件的间隔期，长期的一个平均状态就是此种灾害的重现期。“重现期”并不是说正好多少年中出现一次，它带有统计平均的意义。随着重大自然灾害频发，目前作为风险评估主要内容之一——重现期的计算也越来越受到重视，它是加强长期预测预警的一个重要参考，对于实际工作中高效准确的防灾减灾对策制定、工程设计、风险管理甚至是以后相应灾害保险的开展都具有重大的参考价值。

目前对于沙尘暴重现期的研究主要建立在历史上不同强度沙尘暴事件的概率统计上，或是依据一个特征变量（如大风日数）来代表沙尘暴极值事件，采用单变量的极值分布进行频率和重现期的分析（钱正安等，2002；尹晓慧和王

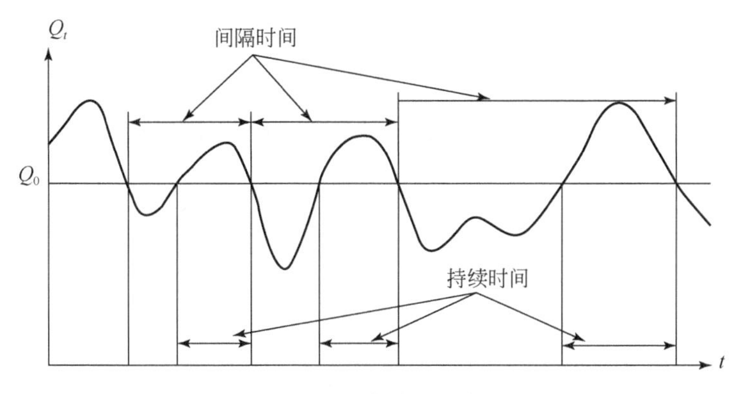


图 5-1　重现期定义示意图

注：图中 $Q_0$ 表示灾害事件发生的临界值；$Q_t$ 表示事件发生值。设定 $Q_t > Q_0$，称为一次灾害事件；当 $Q_t < Q_0$ 时，不称为灾害事件

式功，2007；张冲和赵景波，2008；王积全等，2008）。而一次强沙尘暴灾害事件包含多项特征：瞬时最大风速、能见度、持续时间、发生范围等，对于某个区域而言，强沙尘暴灾害造成的损失也是由多个特征变量共同决定的。单变量的频率分析只能提供灾害事件有限的统计特征，并不能很好地解决我们在实际工作中遇到的问题。沙尘暴灾害的多个特征变量之间，不但可能存在线性相关关系，也可能存在非线性或非对称性相关，并且各变量很可能属于不同的分布类型，传统方法无法解决这一问题。本章通过运用 Copula 函数法建立强沙尘暴灾害特征变量间的联合分布，以此为基础，分析造成损失相对较大的强沙尘暴灾害的联合重现期，并且对历史上重大沙尘暴灾害事件进行探讨。

## 5.1　变量选取

根据中国气象局预测减灾司制定的《沙尘天气预警业务服务暂行规定》，沙尘天气的等级划分主要以能见度和风速为判断依据，分为浮尘、扬沙、沙尘暴和强沙尘暴四类。其中特强沙尘暴归在强沙尘暴一类中（表 5-1）。在沙尘暴等级划分中，能见度和最大风速是两个最重要的依据（钱正安等，1997；张广兴和李霞，2003；Natsagdorj et al.，2003）。能见度是世界气象组织（WMO）各成员国用于区分不同等级沙尘暴天气的重要指标，是沙尘暴天气监测最基本和传统的指标，在我国有 50 余年的数据积累。强风是产生沙尘暴的必要因素，风速大小决定了扬起沙尘的多少、传播的范围和高度。与沙尘暴灾害有最直接关系的地面风速也是我国气象站点的重要观测项目。

**表 5-1　3 种 Archimedean Copula 函数的基本形式、相应参数范围及参数与 Kendall's $\tau$ 的关系**

| Copula 函数 | $C_\theta(u, v)$ | 参数区间 | Kendall's $\tau$ |
|---|---|---|---|
| Gumbel Copula 函数 | $\exp(-[(-\ln u)^{1/\theta}+(-\ln v)^{1/\theta}]^{\theta})$ | $\theta\in(0, 1]$ | $1-1/\theta$ |
| Clayton Copula 函数 | $(u^{-\theta}+v^{-\theta}-1)^{-1/\theta}$ | $\theta\in(0, \infty)$ | $\theta/(\theta+2)$ |
| Frank Copula 函数 | $-\frac{1}{\theta}\ln\left(1+\frac{(e^{-\theta u}-1)(e^{-\theta v}-1)}{e^{-\theta}-1}\right)$ | $\theta\in(-\infty, \infty)\setminus\{0\}$ | $1-\frac{4}{\theta}\left[-\frac{1}{\theta}\int_\theta^0\frac{t}{\exp(t)-1}dt-1\right]$ |

资料来源：Bastian et al.，2010

结合单站沙尘暴强度和范围划分标准（表 4-5），本章研究统计了内蒙古 30 个地面气象站 19 年间（1990～2008 年）79 次强沙尘暴事件及其主要特征变量。因为对于强沙尘暴，水平能见度均小于 500m，由于内蒙古地面观测站没有长时间序列连续的大气浑浊度数据，记录的能见度数据只有<500m、<200m 和<100m 之分，在强沙尘暴统计序列中数据不连续，无法构建边缘分布。持续时间是除能见度和最大风速以外，对沙尘暴灾害的损失大小影响最大的因素，它指一次沙尘暴开始到结束的时间。由第 4 章的结论可知，持续时间是基于日平均风速和土壤湿度两大沙尘暴灾害致灾因子综合影响下的特征变量。要进行强和特强沙尘暴灾害风险分析，必须考虑损失，而对强沙尘暴灾害损失影响最大的变量为能见度、最大风速和持续时间。因此，综合考虑研究方法的需要、统计资料的完整性和对灾害造成损失的影响程度，选取了对强沙尘暴灾害损失程度影响较大的最大风速和持续时间两个基本特征变量建立联合分布。此处的最大风速为国家沙尘暴天气监测站观测的近地面 10 m 处的 10 min 平均最大风速。

## 5.2　构建联合分布

### 5.2.1　边缘分布的确定

强沙尘暴序列的最大风速 $S$ 和持续时间 $D$ 均为连续的随机变量，设它们的边缘分布分别为 $F_S(s)$，$F_D(d)$。运用第 4 章选择单变量边缘分布模型的方法，通过经验判断、参数估计、目测结合假设检验的方法确定单变量的边缘分布。首先根据直方图目测挑选可能的概率分布形态，然后对它们进行参数估计，比较其分布形态的累计分布曲线和原始数据的累计分布曲线，结合 A-D 检验选取最优的一种概率分布。

最大风速和持续时间的最优分布模型分别为极值分布 I 型和 Gamma 分布，均通过了 0.01 水平下的假设检验。具体公式如下，其中参数通过最大似然估计法计算得出。

最大风速的概率分布和边缘分布函数分别为

$$f_S(s|\mu,\ \lambda)=\frac{1}{\lambda}\exp\left[\frac{-(s-\mu)}{\lambda}-\exp\left(\frac{-(s-\mu)}{\lambda}\right)\right] \tag{5-1}$$

$$F_S(s|\mu,\ \lambda)=\int\frac{1}{\lambda}\exp\left[\frac{-(s-\mu)}{\lambda}-\exp\left(\frac{-(s-\mu)}{\lambda}\right)\right]\mathrm{d}s \tag{5-2}$$

式中，$\mu=20.7001$，$\lambda=2.8164$。

持续时间的概率分布和边缘分布函数分别为

$$f_D(d|m,\ r,\ \alpha)=r^{-\alpha}(d-m)^{\alpha-1}\exp\left[-\left(\frac{d-m}{r}\right)\right]/\Gamma(\alpha) \tag{5-3}$$

$$F_D(d|m,\ r,\ \alpha)=\int r^{-\alpha}(d-m)^{\alpha-1}\exp\left[-\left(\frac{d-m}{r}\right)\right]/\Gamma(\alpha)\mathrm{d}t \tag{5-4}$$

式中，$m=0$，$r=333.2927$，$\alpha=1.6809$。

图 5-2 为 $S$ 和 $D$ 的拟合边缘分布曲线和实际观测值的累计概率值，表明拟合效果很好。

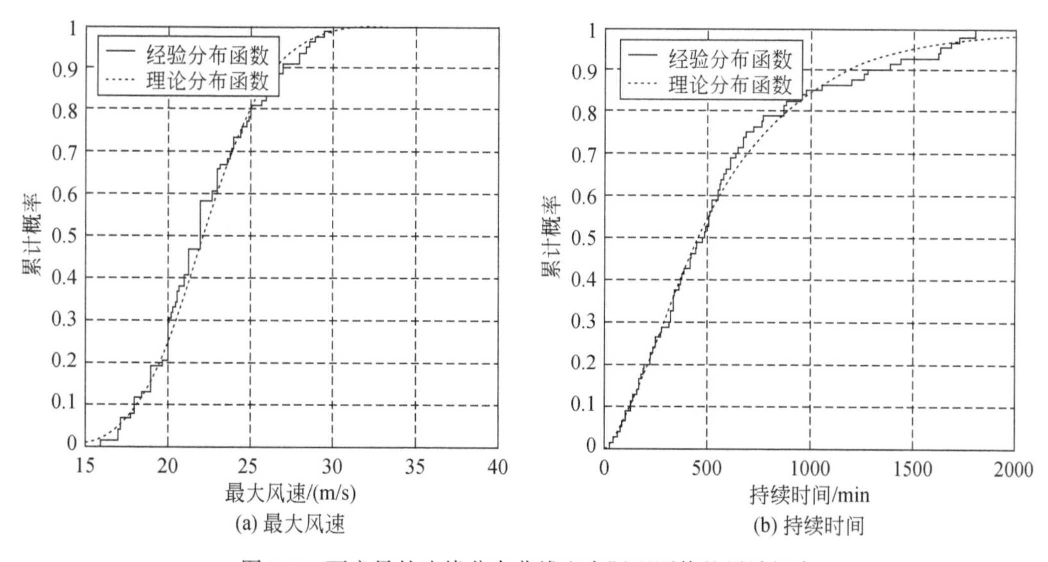


图 5-2　两变量的边缘分布曲线和实际观测值的累计概率

### 5.2.2 构建联合分布

计算得出 $S$ 和 $D$ 两变量的 Kendall 秩相关系数 $\tau = 0.647$，通过了 0.01 水平的显著性检验。两者存在较大的正相关性，因为 AMH Copula 函数仅适用于相关性较低的情况，首先排除。初步选定 Clayton Copula 函数、Gumbel Copula 函数和 Frank Copula 函数 3 种常用的 Archimedean Copula 函数建立强沙尘暴灾害两特征变量的联合分布。根据拟合优度检验，Clayton Copula 函数无论 AIC 值还是 RMSE 值都最小（表 5-2）。因此，对于存在较高正相关性的最大风速和持续时间，Clayton Copula 函数拟合的联合分布最优。

**表 5-2　3 种 Copula 函数的参数估计值和拟合优度检验值**

| Copula 函数 | Estimate（s） | RMSE | AIC |
| --- | --- | --- | --- |
| Gumbel Copula 函数 | $\theta$=2.832 9 | 0.037 85 | -609.21 |
| Clayton Copula 函数 | **$\theta$=3.665 7** | **0.034 91** | **-627.39** |
| Frank Copula 函数 | $\theta$=4.523 4 | 0.042 96 | -562.72 |

因此，基于 Clayton Copula 函数的 $S$、$D$ 的联合分布可以表示为

$$F(s,\ d) = C_\theta(u,\ v) = C_\theta[F_S(s),\ F_D(d)]$$
$$= \{[F_S(s)]^{-\theta} + [F_D(d)]^{-\theta} - 1\}^{-1/\theta} \tag{5-5}$$

其中，$u = F_S(s)$，$v = F_D(d)$，相应的联合概率密度函数为

$$f(s,\ d) = \frac{\partial^2 F(s,\ d)}{\partial s \partial d}$$
$$= (\theta + 1)[F_S(s)F_D(d)]^{-\theta-1} \cdot \{[F_S(s)]^{-\theta} + [F_D(d)]^{-\theta} - 1\}^{-1/\theta-2} \tag{5-6}$$

图 5-3 显示了强沙尘暴最大风速和持续时间的联合累计概率分布及其等值线。

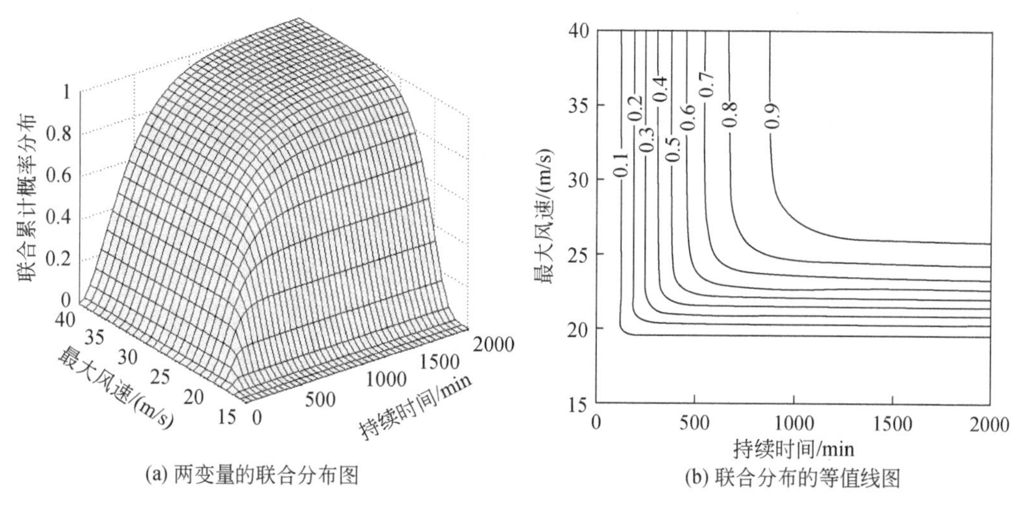

(a) 两变量的联合分布图　　(b) 联合分布的等值线图

图 5-3　强沙尘暴最大风速和持续时间的联合累计概率分布及其等值线图

## 5.3　联合重现期

### 5.3.1　联合重现期的计算

根据统计的数据，19 年间一共有 79 次强沙尘暴事件，平均发生一次强沙尘暴事件的时间间隔是 0.24 年，也就是说，每年内蒙古地区会平均发生 3 次强沙尘暴。当同时考虑强沙尘暴灾害两个特征变量时，它们的联合重现期指最大风速或持续时间超越某一特定值（$S \geqslant s$ 或 $D \geqslant d$）的重现期，而同现重现期为最大风速和持续时间同时超越相应特定值（$S \geqslant s$ 和 $D \geqslant d$）的重现期。根据传统单变量重现期和二维联合重现期的计算公式［式（3-41）、式（3-44）和式（3-45）］，基于 Clayton Copula 函数的联合重现期和同现重现期可以表示为

$$T(s,\ d) = \frac{E(L)}{Pr[S \geqslant s \cup D \geqslant d]} = \frac{E(L)}{1 - F(s,\ d)} = \frac{E(L)}{1 - C[F_S(s),\ F_D(d)]} \tag{5-7}$$

$$T'(s,\ d) = \frac{E(L)}{\Pr[S \geqslant s \cap D \geqslant d]} = \frac{E(L)}{1 - F_S(s) - F_D(d) + F(s,\ d)}$$
$$= \frac{E(L)}{1 - F_S(s) - F_D(d) + C[F_S(s),\ F_D(d)]} \tag{5-8}$$

图 5-4（b）和（c）分别显示了二维联合重现期和同现重现期的等值线图。

表5-3显示了单变量重现期分别为1年、2年、5年、10年、20年、50年、80年和120年一遇情况下的最大风速和持续时间。可以看出，在两变量值相同的情况下，根据式（5-7）计算出的联合重现期均比单变量重现期小。例如，历史上较典型的1993年5月5~6日特强沙尘暴事件，最大风速和持续时间分别为29.6m/s和1528min，基于单变量计算出的重现期分别为25.83年一遇和28.08年一遇，而联合重现期则为13.73年一遇。又如，2001年4月6~8日的特强沙尘暴事件，基于单变量计算得出的重现期分别为15.72年一遇和59.51年一遇，而基于式（5-7）计算出来的联合重现期为12.62年一遇。由式（3-41）和式（5-7）可以看出，由于单变量重现期仅考虑了一个因素的累计概率，而联合重现期中的累计概率表示的是 $S \geqslant s$ 或 $D \geqslant d$ 发生的累计概率，在考虑一个因素的同时也兼顾了另外一个因素，因此联合重现期要小于单变量重现期的值。

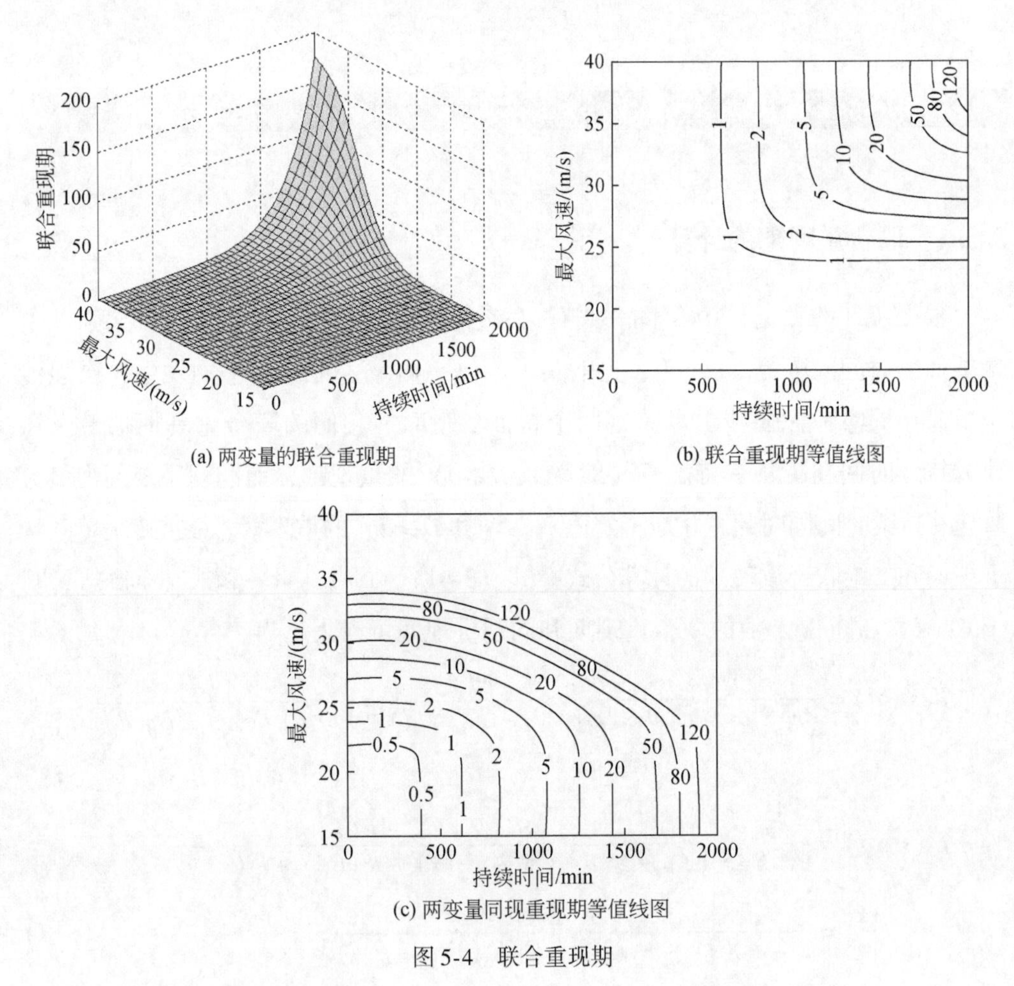


(a) 两变量的联合重现期

(b) 联合重现期等值线图

(c) 两变量同现重现期等值线图

图5-4　联合重现期

注：(a) 图中 $S \geqslant s$ 或 $D \geqslant d$；(b) 图由式（5-7）得出，$S \geqslant s$ 或 $D \geqslant d$；(c) 图由式（5-8）得出，$S \geqslant s$ 和 $D \geqslant d$

**表 5-3　基于单变量的重现期和相应的联合重现期**

| 单变量重现/年 | 最大风速/(m/s) | 持续时间/min | 联合重现期/年 |
|---|---|---|---|
| 1 | 22.8 | 617.8 | 0.71 |
| 2 | 24.4 | 821.6 | 1.25 |
| 5 | 26.3 | 1 075.3 | 2.78 |
| 10 | 27.7 | 1 260.1 | 5.29 |
| 20 | 29.1 | 1 440.8 | 10.31 |
| 50 | 30.9 | 1 675 | 25.12 |
| 80 | 31.9 | 1 793.6 | 40.60 |
| 120 | 32.7 | 1 895.1 | 60.56 |

通过构建联合概率，如果知道一个沙尘暴事件的最大风速和持续时间，可以很方便地计算出此次事件的联合重现期，反之同样可行。并且，如果给定某个变量的值，根据式（3-47）和式（3-49），通过联合分布，也可以方便地计算不同设定条件下的重现期。如图 5-5（a）表示当持续时间 $d=1000$min，$d=1200$min，$d=1600$min，$d=1800$min，$d=2000$min 时，随最大风速变化时条件重现期的变化状况。当持续时间一定时，重现期随着最大风速的增大而增大，同样，如图 5-5（b），当最大风速一定时，重现期随着持续时间的增大而增大。

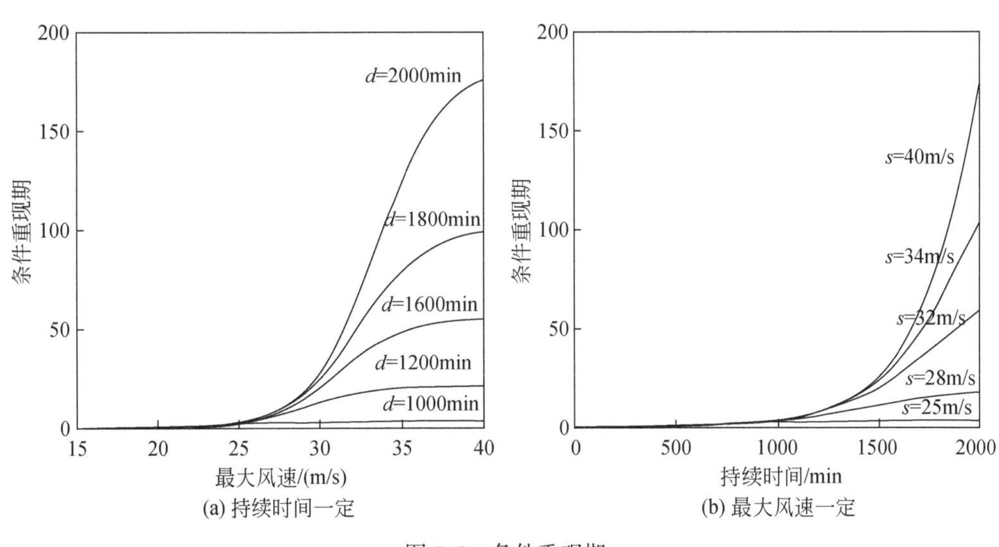


图 5-5　条件重现期

### 5.3.2 特强沙尘暴联合重现期分析

在1990~2010年，共有8次较严重的特强沙尘暴灾害造成的直接经济损失有相关记录（沈建国，2008；康玲等，2009；王式功等，2010；中国气象局，2000~2008；内蒙古自治区统计局，1990~2008）。8次事件的单变量重现期、联合重现期和相应的直接损失见表5-4。根据重现期的定义，在20年的平均状态下，10年一遇强度的灾害理论上是发生两次。在19年间的79个强沙尘暴事件序列中，根据真实情况统计结果，超过2006年4月9~11日特强沙尘暴强度（图5-6中空心三角）的事件共有两次：1993年5月5~6日和2001年4月6~8日（图5-6中实心三角）。基于联合分布计算得出的重现期，超越10年一遇的共有两次，而基于最大风速和持续时间计算得出的重现期，20年间超越10年一遇水平的灾害次数分别为3次和6次。针对统计的近20年时间段来看，基于单变量的重现期计算结果比真实情况偏大，特别是基于持续时间的重现期计算结果明显偏大。

表5-4 8次特强沙尘暴灾害事件的单变量重现期、联合重现期及相应的直接经济损失

| 年份 | 发生日期 | 10 min平均最大风速/(m/s) | 单变量重现期 X/年 | 持续时间/min | 单变量重现期 Y/年 | 联合重现期/年 | 直接经济损失/万元 |
|---|---|---|---|---|---|---|---|
| 1993 | 5月5~6日 | 29.6 | **25.83** | 1 528 | **28.08** | **13.73** | 28 500 |
| 1994 | 4月6~8日 | 25.7 | 3.78 | 1 797 | **81.11** | 3.66 | 4 021 |
| 1995 | 3月10~11日 | 24.6 | 2.09 | 980 | 3.13 | 1.65 | 2 000 |
| 2001 | 4月6~8日 | 28.6 | **15.72** | 1 719 | **59.51** | **12.62** | 19 800 |
|  | 4月8~10日 | 27.4 | 8.69 | 1 380 | **15.82** | 5.86 | 10700 |
| 2002 | 4月6~7日 | 27 | 7.13 | 2 122 | **40.1** | 6.19 | 7 893 |
| 2006 | 4月9~11日 | 28 | **11.68** | 1 674 | **49.81** | 9.63 | 25 100 |
| 2007 | 3月30~31日 | 25 | 2.7 | 1 256 | 9.85 | 2.29 | 2 830 |

根据基于8次特强沙尘暴事件直接经济损失的重现期拟合曲线可以看出（图5-7），在直接经济损失较低的情况下，两种方法的计算结果相差不大。因此，对于等级较小、损失较小的沙尘暴灾害，有时为了快速得到结果，可以运用简单快捷的单变量方法进行计算。但是对于损失较大的特强沙尘暴灾害，运用两种方法的计算结果相差较大，并且呈现出损失越大，差别越大的趋势。如在2亿元的直接经济损失水平下，基于联合分布计算的重现期接近11年一遇，

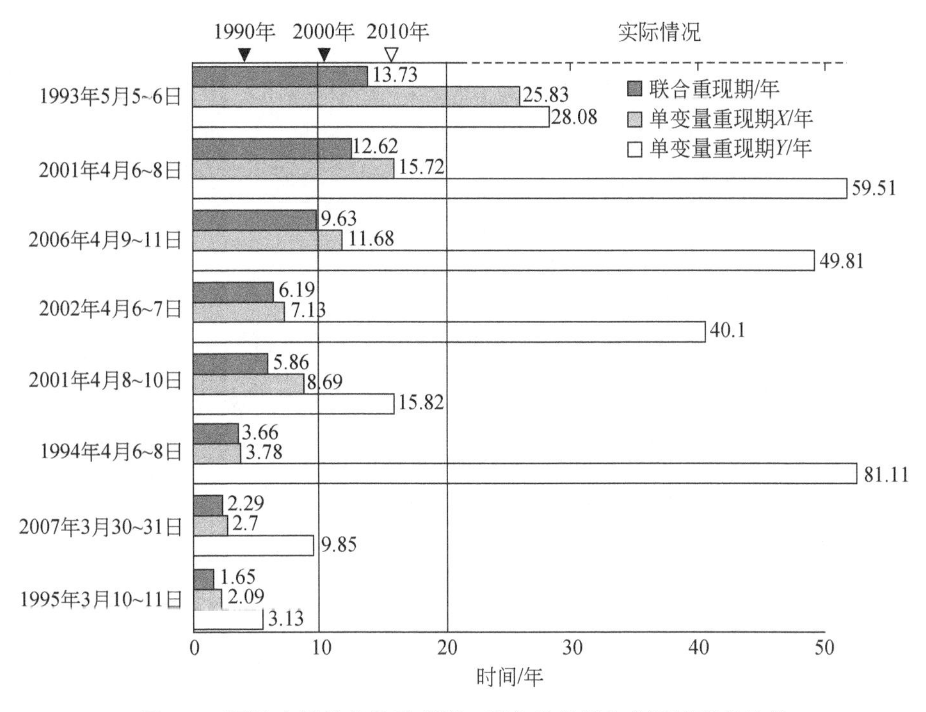


图 5-6　强沙尘暴单变量重现期、联合重现期和实际情况的比较

基于单变量计算的重现期接近 15 年一遇，而实际情况是 19 年间已经发生了两次超过 2 亿元直接经济损失的特强沙尘暴事件。由此也可以反映出，联合重现期较单变量重现期更加贴近实际情况。重现期评估偏大的结果会导致对一定严重程度的灾害发生频次的低估，这样容易降低人们和政府的重视程度，造成防灾减灾工作力度无形中的减弱，对沙尘暴灾害的长期防治工作不利。因此，基于联合分布的重现期更有实际应用的参考价值，尤其是对于损失程度较高的极端事件来说，基于联合分布的重现期计算更加重要。

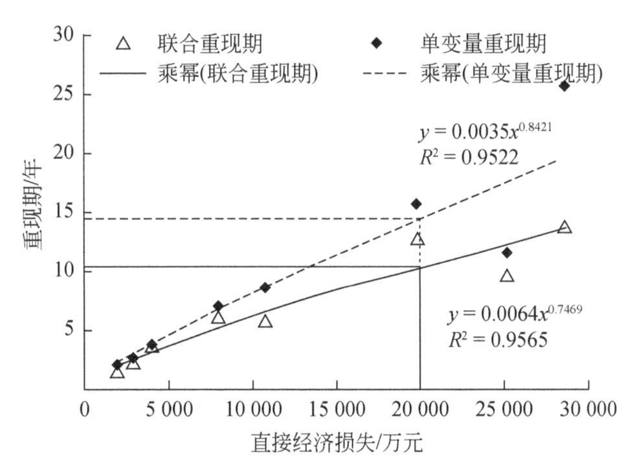


图 5-7　基于直接经济损失的单变量重现期和联合重现期的拟合曲线

## 5.4 基于联合重现期的风险分析

通过过去19年间强沙尘暴灾害和特强沙尘暴灾害相应直接经济损失的统计，结合自然灾害等级划分标准和省级自然灾害等级划分标准（赵阿兴和马宗晋，1993；于庆东和沈荣芳，1995；于庆东，1997），表5-4中所列的特强沙尘暴灾害事件中，共有4件达到了巨灾的级别，对于一个自治区，这4次沙尘暴灾害造成的损失和影响达到了一个难以接受的程度。图5-8显示了79次强沙尘暴事件在联合重现期等值线图中的投影。根据这些沙尘暴灾害的重现期投影和相应的损失，结合点聚图分类法确定不同种类沙尘暴灾害的分界线，把这79次强沙尘暴事件分为3类。

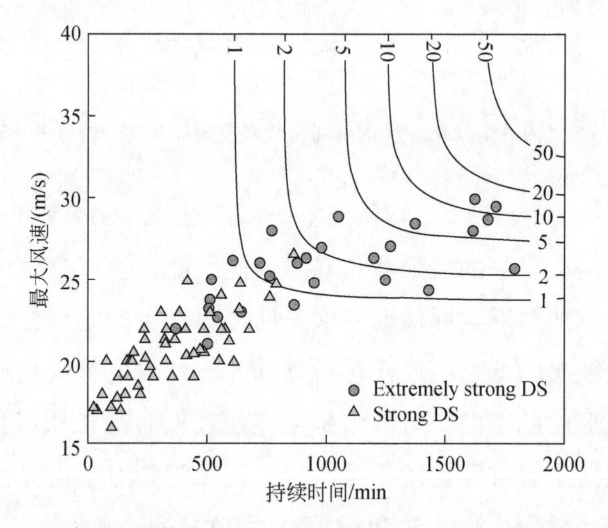


图5-8 联合重现期等值线图（$S \geqslant s$ 或 $D \geqslant d$）和79个强沙尘暴事件

点聚图是一种简单又行之有效的分析工具，十几年来被广大气象台站在预报业务中广泛应用（丁士晟，1981）。对于一张点聚图，如果用一条斜线来区分用1和0来表示的两类数据点，其准确率为90%；如果用一条或几条曲线来区分1和0，就可能使其准确率达到100%。最后用$\chi^2$检验确定点聚图是否通过检验，结果见表5-5。$N$为点聚图上总的点数，$f$为自由度，$m$为点聚图上判别错的点数，$m_\alpha$为点聚图在$\alpha$置信度水平下允许出现判别错误的点数。如果$m \leqslant m_\alpha$，则表示在$\alpha$置信度水平下通过检验，此分界线可用，反之，则分类不合理。表5-5中灰色阴影的为通过检验的，无阴影的为未通过检验。因此，最终得出强和特强沙尘暴事件的分界线为 1 年重现期的等值线，特强和难以接受的沙尘暴事件的分界线为 5 年重现期的等值线。

**表 5-5　点聚图 $\chi^2$ 检验结果**

| 分类对象 | 分界线 | $m$ | $f$ | $m_\alpha$（$\alpha$ =0.05） | 准确率/% |
|---|---|---|---|---|---|
| 强和特强沙尘暴事件（$N$=79） | RP=1 年 | 11 | 2 | 16 | 0.861 |
| | RP=2 年 | 17 | 2 | 16 | 0.785 |
| 特强和难以接受沙尘暴事件（$N$ =27） | RP=5 年 | 1 | 2 | 1 | 0.963 |
| | RP=10 年 | 2 | 2 | 1 | 0.926 |

根据点聚图分类结果，把联合重现期等值线和 79 次沙尘暴灾害的样本投影图划分为 3 个区域。如图 5-9 所示，在联合重现期大于 5 年的区域（深灰色），共有 5 次特强的沙尘暴事件，其中有 4 次达到了难以接受的级别。达到 5 年一遇重现期的沙尘暴极易造成巨大的损失，因此，此区域的沙尘暴灾害风险非常高，对于此类沙尘暴灾害，进行风险管理时应该侧重于完善早期预报预警和监测系统，加强预报工作。长期以来，我国的沙尘暴观测主要依赖常规地面气象站的定时观测，由于沙尘暴频发地区往往人烟稀少，常规地面气象观测站设置的空间密度不够，不能很好地反映沙尘暴灾害。因此，对特强沙尘暴频繁发生的地区和移动路径上，特别是移动路径的上游，应该增设观测站点，对特强沙尘暴

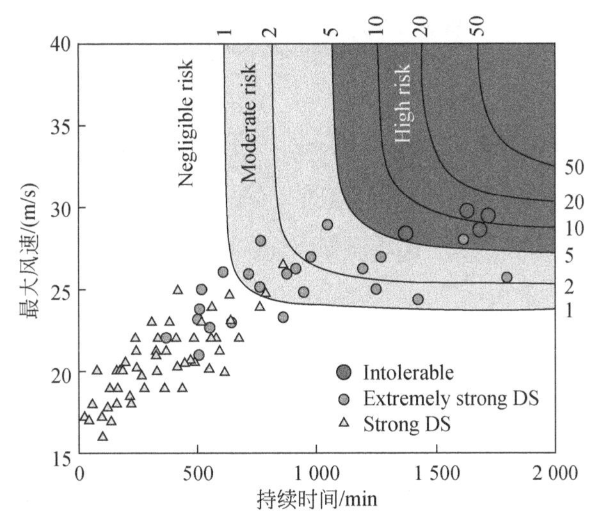


图 5-9　不同强度沙尘暴的风险等级图

注：在 79 个强沙尘暴样本中，有 27 次为特强沙尘暴灾害（实心圆圈），其中 4 次达到了难以接受的灾害级别（实心大圆圈），52 次为强沙尘暴灾害（灰色三角）

灾害的动态密切监测。同时，加强沙尘暴灾害的短期气候预测，也就是对未来月、季时间尺度的沙尘暴发生趋势预测。如果防治工作做得好，居民能够有足够的时间做出灾前准备，就可以大大降低此类沙尘暴灾害所造成的巨大损失。制定和实施风沙灾害防治战略时，国家、省（自治区、直辖市）、地（市）、县（旗）、乡等各个层次对这种高风险沙尘暴灾害的防治都要有相应的部署，并给予一定的倾斜。

在联合重现期位于 1 年和 5 年之间的区域（浅灰色），共有 13 次特强沙尘暴事件和2 次强沙尘暴事件。在这个区域，沙尘暴灾害的风险已经比较缓和，属于中等风险区，但处于这种重现期水平的沙尘暴如果不进一步加强治理的话，很有可能演变成高风险等级的灾害。因此也应该预防新的生态破坏，对于传统的生产模式应该从环境保护和经济发展协调一致的目标出发进行系统评估，特别是对生态敏感地带的经济活动如草原超载过牧、开荒造田、露天开矿、水资源开采等问题，给予足够的重视和引导。

重现期小于1 年的区域为可忽略风险区，属于经常发生的沙尘暴灾害类型，此类虽然也为强沙尘暴，但对于内蒙古自治区，几乎每年春天都会发生，造成的损失较小。对于此类沙尘暴灾害的防治，是一项长期的环境保护任务，因此需要当地居民在日常生活中提高环境保护意识。

## 5.5 本章小结

本章运用 Archimedean Copula 函数族中的 Clayton Copula 函数对内蒙古地区19 年间（1990 ~ 2008 年）79 次强沙尘暴事件的两个特征变量建立了联合分布，分析了强沙尘暴事件的联合重现期。研究表明，Clayton Copula 函数能够很好地描述强沙尘暴灾害两个基本特征变量的联合分布，得出的联合重现期比基于单变量的重现期更加贴合实际，特别是对于严重程度较高的极端沙尘暴事件，联合重现期的计算更加重要，这个结果对当地防灾减灾策略的制定、防沙防灾工程的设计和风险管理的提高具有很大的参考价值。同时也为自然灾害多变量分析方法的探索提供参考，为其在自然灾害风险研究中更深一步的应用奠定基础。

（1）对内蒙古地区的强沙尘暴来说，最大风速和持续时间的观测值间存在显著性正相关。Kendall 秩相关系数 $\tau=0.647$，通过了 0.01 显著性水平检验。

两者的边缘分布分别为极值分布 I 型和 Gamma 分布。由于两特征变量显著性相关，并且最优拟合分布属于不同的类型，传统的建立联合分布的方法不再适用。本章选取了 Archimedean 函数族中的 Clayton Copula 函数对其建立了联合分布，计算两变量的二维联合重现期。

（2）通过对比历史上特强沙尘暴事件的两种重现期，基于单变量的重现期明显比真实情况偏大，特别是基于持续时间的重现期偏离真实情况更远，而基于 Copula 函数的联合重现期由于描述了最大风速和持续时间之间的相关性结构和联合概率，能够更加全面客观地反映沙尘暴灾害的真实特征。基于二者的联合分布，给定一个重现期水平，可以快捷地计算相应的两个特征变量值，反之亦然。并且可以方便地计算基于不同情况下的条件重现期。这些信息对于防灾减灾政策的制定和工程的设计具有很大的参考价值（Bastian et al.，2010；Wong ct al.，2010）。

（3）在对两种重现期结果与实际情况比较时，由于强沙尘暴的损失数据比较难获取，仅统计了 19 年间特强沙尘暴灾害事件的特征变量数据和 8 次特强沙尘暴灾害的损失情况。年限比较短，但也足以看出建立多维联合分布的优势。下一步应该把强沙尘暴时间序列延长，两种重现期计算结果与实际情况的验证会更加严谨。

（4）随着近年来极端天气事件发生频率和强度的增加，所造成的影响也很可能增大，更加准确地进行极端天气事件的概率分析，及早采取相应的对策，能够在一定程度上减缓、延迟或是避免这种影响和损失（Frans et al.，2006）。自然灾害影响机制、发生规律和特征的更加复杂化多样化，也使自然灾害风险分析和评价需要考虑的变量增多。如由原来的单一灾种演变为多个灾种并发的灾害链，其影响因素、特征和相关结构会更加复杂（Stephane，2009）。本章对 Copula 函数在沙尘暴灾害联合重现期上的应用做了探讨，通过拟合优度检验，发现 Clayton Copula 函数能够很好地描述强沙尘暴灾害的两个基本特征变量和它们之间的相关性结构。根据不同的需要，Copula 函数具备扩展到三维甚至更多维的能力，其在自然灾害多维风险分析研究中具有非常大的应用前景（Zhang and Signh，2007；Wong，et al.，2010）。

# 6 基于发生机理的强沙尘暴三维联合重现期研究

近些年在沙尘暴研究方面，大量学者作了深入广泛的工作，取得了较多成果。专家们普遍认为，沙尘暴灾害的成灾机理分析需要考虑三个方面的基本要素：强风、沙源和热力不稳定。目前，无论是沙尘暴的监测、预报和风险评估方面，都认识到需要考虑多个要素和变量进行分析，但现在对高空环流系统对沙尘暴的影响、沙尘暴灾害与下垫面状况和致灾因子之间的相互作用机制的研究都还比较分散，多是分开单独研究，定量化水平也还需要系统的深入。鉴于目前尚没有基于成灾机理，从高空环流特征、气象要素和下垫面要素三个方面立体综合地分析沙尘暴灾害风险，而这些要素正是产生沙尘暴风险的主要指标。

为了提高沙尘暴灾害重现期的计算精度和外延预测能力，更好为监测预警和风险管理服务，本章从沙尘暴灾害的发生机理和致灾要素出发，以内蒙古自治区的强沙尘暴灾害为案例，选取500 hPa 高空的经向环流指数、近地面10m 处的最大风速和地表土壤湿度三个主要的致灾因子，分别代表500 hPa 高空环流系统、近地面气象系统和下垫面状况三个不同层面，运用联合分布理论和方法，捕捉多维致灾要素间的非线性关系，构造多变量极值事件的相关结构和联合分布，进行强沙尘暴灾害重现期的模拟计算和风险分析，并运用历史上强沙尘暴事件进行验证和探讨。本章从致灾机理角度为灾害多变量的研究方法做了补充，也为沙尘暴灾害的长期预测和风险评估提供了一种全新思路。

## 6.1 三维 Archimedean Copula 函数

与二维的 Copula 函数相比，三维的 Copula 函数构造困难，单参数的 Archimedean Copula 函数由于灵活多变，计算简单，比较容易扩展到多元情景而且应用最广泛。常用的单参数三维 Archimedean Copula 函数有以下四种，分别为

Gumbel Copula 函数、Clayton Copula 函数、Frank Copula 函数和 AMH Copula 函数，其分布函数形式和参数范围见表 6-1（Nelsen，1998）。

**表 6-1　4 种三维 Archimedean Copula 函数**

| 函数名称 | 基本形式 $C(u, v, w)$ | 参数范围 |
|---|---|---|
| Gumbel Copula 函数 | $e^{-[(-\ln u)^{\theta}+(-\ln v)^{\theta}+(-\ln w)^{\theta}]\frac{1}{\theta}}$ | $[1, \infty)$ |
| Clayton Copula 函数 | $\max[(u^{-\theta}+v^{-\theta}+w^{-\theta}-2)^{-\frac{1}{\theta}}, 0]$ | $[-1, \infty]\setminus\{0\}$ |
| Frank Copula 函数 | $-\frac{1}{\theta}\ln\left[1+\frac{(e^{-\theta u}-1)(e^{-\theta v}-1)(e^{-\theta w}-1)}{(e^{-\theta}-1)^2}\right]$ | $(-\infty, \infty)\setminus\{0\}$ |
| AMH Copula 函数 | $\frac{uvw}{1-\theta(1-u)(1-v)(1-w)}$ | $[-1, 1)$ |

注：$u$，$v$，$w$ 分别为边缘分布函数，$\theta$ 为 Copula 函数的参数

根据表 6-1 中的分布函数 $C(u, v, w)$，可推导出相应的概论密度函数 $c(u, v, w)=\frac{\partial C(u, v, w)}{\partial c(u, v, w)}$。

（1）Clayton Copula 密度函数：

$$c(u, v, w)=(2\theta+1)(\theta+1)(uvw)^{-\theta-1}(u^{-\theta}+v^{-\theta}+w^{-\theta}-2)^{-\frac{1}{\theta}-3} \tag{6-1}$$

（2）AMH Copula 密度函数：

$$\begin{aligned}c(u, v, w)=&\frac{1-3\theta+2\theta(u+v+w)-4\theta uvw}{\lambda^4}-\frac{4\theta^2[1-(1-u)(1-v)(1-w)]}{\lambda^4}\\&+\frac{\theta^2[1-(1-u^2)(1-v^2)(1-w^2)]}{\lambda^4}-\frac{\theta^3[1-(1-u^2)(1-v^2)(1-w^2)]}{\lambda^4}\\&+\frac{2\theta^3[u+v+w+uv(u+v)+uw(u+w)+vw(v+w)+uvw(u+v+w)(uv+uw+vw)]}{\lambda^4}\\&+\frac{4\theta^3[(uvw+1)^2-(1+uv)(1+uw)(1+vw)+1]}{\lambda^4}\end{aligned} \tag{6-2}$$

式中，$\lambda=[1-\theta(1-u)(1-v)(1-w)]^4$。

（3）Gumbel Copula 密度函数：

$$\begin{aligned}c(u, v, w)=&\exp(-[(-\ln u)^{\theta}+(-\ln v)^{\theta}+(-\ln w)^{\theta}]^{-\frac{1}{\theta}})\frac{(-\ln u\ln v\ln w)^{\theta-1}}{uvw}\\&\cdot\{[(-\ln u)^{\theta}+(-\ln v)^{\theta}+(-\ln w)^{\theta}]^{\frac{3}{\theta}-3}+(3\theta-3)\\&\cdot[(-\ln u)^{\theta}+(-\ln v)\theta+(-\ln w)^{\theta}]^{\frac{2}{\theta}-3}\\&\cdot(\theta-1)(2\theta-1)[(-\ln u)^{\theta}+(-\ln v)^{\theta}+(-\ln w)^{\theta}]^{\frac{1}{\theta}-3}\}\end{aligned} \tag{6-3}$$

（4）Frank Copula 密度函数：

$$c(u,\ v,\ w)=\frac{\theta^2 e^{-\theta(u+v+w)}\ (e^{-\theta}-1)^2[(e^{-\theta}-1)^2-(e^{-\theta u}-1)(e^{-\theta v}-1)(e^{-\theta w}-1)]}{[(e^{-\theta}-1)^2+(e^{-\theta u}-1)(e^{-\theta v}-1)(e^{-\theta w}-1)]^3} \tag{6-4}$$

然后采用极大似然法和分步估计法对这四种三维 Archimedean Copula 函数进行参数估计，根据式（3-37）~式(3-40）定义的拟合优度评价指标进行检验。

## 6.2 因子选取与资料来源

### 6.2.1 因子选取

根据沙尘暴发生的 3 个基本条件和第 4 章进行的致灾因子对沙尘暴灾害的影响机理分析，选取 500hPa 高空的经向环流指数、近地面 10m 处的最大风速和地表土壤湿度 3 个不同层面的致灾因子，进行多维联合概率分布模拟和重现期计算。

### 6.2.2 资料来源

沙尘暴数据和经向环流指数的统计资料为中央气象台出版的沙尘天气过程图表，包括沙尘过程描述表、沙尘范围图、地面天气形势图、气象卫星监测图像和美国国家环境预报中心（National Centers for Environmental Prediction，NCEP）500 hPa 位势高度场资料。共统计了过去 19 年间（1990 ~ 2008 年）内蒙古自治区 79 次不同范围的强沙尘暴过程前 12 h 的高空环流系统特征。79 次强沙尘暴事件中西部路径、西北路径和北部路径的沙尘暴发生次数分别为 41 次、28 次和 10 次，分别占总样本数的 51. 90%、35. 44% 和 12. 66%。

*S* 为强沙尘暴发生日近地面 10m 处的最大风速，来源于中国气象数据共享网的“中国强沙尘暴序列及其支撑数据集”、国家气象局信息中心和内蒙古地区沙尘暴个例谱。

*M* 为地面表层 10cm 深度内浅层土壤的干湿程度，用土壤重量含水量占土壤干重的质量分数表示。其中西部路径上的强沙尘暴事件土壤湿度值来自位于此路径上的锡林郭勒农业气象监测站，西北路径上的土壤湿度值来自该路径上的乌审召农业气象监测站，北部路径上的土壤湿度值来自位于此路径上的镶黄旗农业气象监测站（图 6-1 中的 a、b、c）。

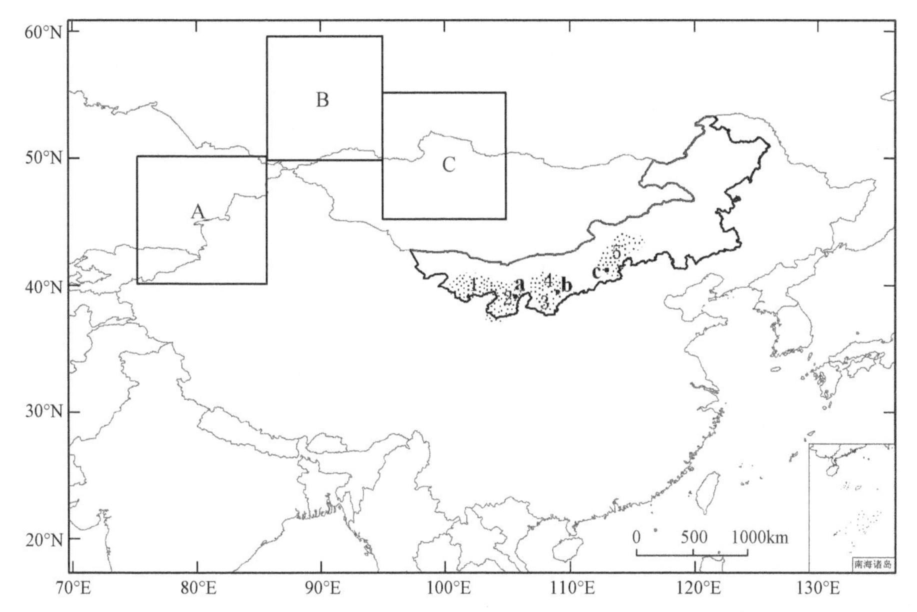


图 6-1 内蒙古自治区不同路径沙尘暴灾害 500 hPa 高空统计区域

注：A、B、C 区域分别为西部路径、西北路径、北部路径沙尘暴灾害的 500 hPa 高空统计区域；a 为锡林郭勒农业气象站；b 为乌审召农业气象站；c 为镶黄旗农业气象站；1 为巴丹吉林沙漠；2 为腾格里沙漠；3 为毛乌素沙地；4 为库布齐沙漠；5 为浑善达克沙地

径向环流指数 $I_{M'}$ 最早由罗斯贝于 1939 年提出，他将 35°～55°N 海平面的平均地转风速定义为环流指数，并将其应用到高空图上，之后通常采用计算某等压面上两个确定纬圈的高度差表示环流指数的强弱。经向环流为高指数时，表明西风带经向环流占优势，冷空气活动频繁，因此大风天气较多，容易导致沙尘暴等天气频繁发生。图 6-1 中区域 A（75°～85°E，40°～50°N）、区域 B（85°～95°E，50°～60°N）和区域 C（95°～105°E，45°～55°N）分别为西方路径、西北路径和北方路径上冷空气产生、累计和加强的区域。针对每次强沙尘暴事件，根据其发生路径，计算其发生前 12h 对应的高空划定区域 10 个维度之间的 500hpa 位势高度差，表示该次沙尘暴过程系统的径向环流指数 $I_{M'}$（无量纲）。统计资料来源于中国气象局的《中国沙尘天气过程图》和 NCEP 500 hPa 位势高度场格点资料（康玲等，2009；内蒙古自治区统计局，1990～2012；中国气象局，2000～2012）。经向上 10 个纬度之间的位势高度差越小，表明经向气流越强，易于冷空气南下，纬向则相反。

## 6.3 边缘分布模型的确定

强沙尘暴序列的高空经向环流指数 $I_{M'}$、最大风速 $S$、土壤湿度 $M$ 均为连续的随机变量，设它们的边缘分布分别为 $F_I(i)$、$F_S(s)$、$F_M(m)$。运用第4章选择单变量边缘分布模型的方法，通过经验判断、参数估计、目测结合假设检验的方法确定单变量的边缘分布。

经向环流指数、最大风速和土壤湿度的最优分布模型分别为 Weibull 分布、极值分布Ⅰ型和 Gamma 分布，均通过了 0.01 水平下的假设检验。具体公式如下，其中参数通过最大似然估计法计算得出。

经向环流指数的概率分布和边缘分布函数分别为

$$f_I(i|m,\ s,\ \alpha)=\frac{\alpha}{s}\left(\frac{i-m}{s}\right)^{\alpha-1}\exp\left[-\left(\frac{-(i-m)}{s}\right)^{\alpha}\right] \tag{6-5}$$

$$F_I(i|m,\ s,\ \alpha)=\int\frac{\alpha}{s}\left(\frac{i-m}{s}\right)^{\alpha-1}\exp\left[-\left(\frac{-(i-m)}{s}\right)^{\alpha}\right]\mathrm{d}i \tag{6-6}$$

式中，$m=0$，$s=19.8922$，$\alpha=2.0488$。

最大风速的概率分布和边缘分布函数分别为

$$f_S(s|\mu,\ \lambda)=\frac{1}{\lambda}\exp\left[\frac{-(s-\mu)}{\lambda}-\exp\left(\frac{-(s-\mu)}{\lambda}\right)\right] \tag{6-7}$$

$$F_S(s|\mu,\ \lambda)=\int\frac{1}{\lambda}\exp\left[\frac{-(s-\mu)}{\lambda}-\exp\left(\frac{-(s-\mu)}{\lambda}\right)\right]\mathrm{d}s \tag{6-8}$$

式中，$\mu=20.7001$，$\lambda=2.8164$。

土壤湿度的概率分布和边缘分布函数分别为

$$f(m|k,\ s,\ r)=\int s^{-r}(y-k)^{r-1}\exp\left(-\left(\frac{y-k}{s}\right)\right)/\Gamma(r) \tag{6-9}$$

$$F_M(m|k,\ s,\ r)=\int s^{-r}(y-k)^{r-1}\exp\left(-\left(\frac{y-k}{s}\right)\right)/\Gamma(r)\,\mathrm{d}m \tag{6-10}$$

式中，$k=0$，$s=0.6828$，$r=9.9887$。

三个变量的拟合边缘分布曲线如图 6-2 所示。

由相关分析可知，Pearson 相关性分析均通的 0.05 显著性水平的检验，而对于 Kendall's $\tau$ 相关系数，高空经向环流指数 $I_{M'}$ 和最大风速 $S$ 通过了显著性水平 0.01 的检验。由于 Pearson 相关性分析只能表示两变量间的线性相关关系，而 Kendall's $\tau$ 秩相关分析不仅能表示变量间的线性相关关系，也能体现非线性相关。由 Kendall's $\tau$ 秩相关系数上的显著性水平可见两者之间存在非线性相关关系，见表 6-2。

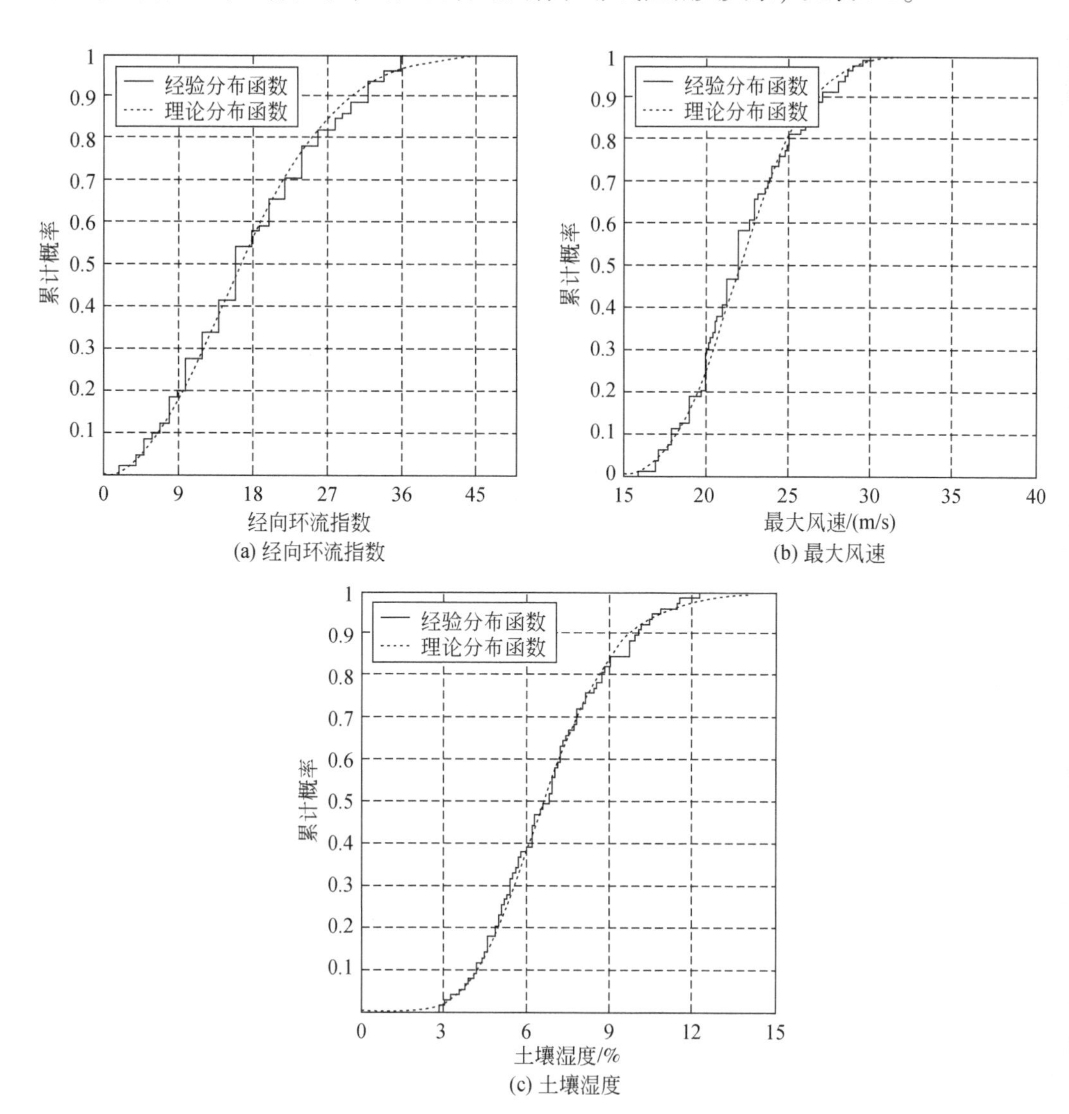


图 6-2　三个变量的边缘分布曲线

**表 6-2　沙尘暴灾害三致灾因子的 Pearson 相关系数 $\rho$ 和 Kendall's $\tau$ 相关系数矩阵**

| $\rho$ | $I_{M'}$ | $S$ | $M$ | $\tau$ | $I_{M'}$ | $S$ | $M$ |
|---|---|---|---|---|---|---|---|
| $I_{M'}$ | 1 | 0.271 * | −0.274 * | $I_{M'}$ | 1 | 0.233 ** | −0.188 * |
| $S$ | 0.271 * | 1 | −0.260 * | $S$ | 0.233 ** | 1 | −0.179 * |
| $M$ | −0.274 * | −0.260 * | 1 | $M$ | −0.188 * | −0.179 * | 1 |

* 为通过了 0.05 的显著性检验，** 为通过了 0.01 的显著性检验，其他为不相关

## 6.4 联合分布和重现期

分别用 Gumbel Copula 函数、Clayton Copula 函数、Frank Copula 函数和 AMH Copula 函数四种比较简单的 Archimedean Copula 函数进行拟合，采用极大似然法和分布估计法对其进行参数估计。根据式（3-37）~式(3-40）计算拟合优度评价指标 RMSE 值、AIC 值和 Bias 值。它们的值越小，所对应的 Copula 函数拟合优度越高。

表 6-3 为四种三维 Archimedean Copula 函数的参数估计结果，其中 Gumbel Copula 函数和 AMH Copula 函数的参数估计结果虽然收敛，但参数值均不在规定的参数取值范围内，且拟合效果较差。对于 Clayton Copula 函数，运用极大似然法和分布估计法进行的参数估计均不收敛。因此，对于沙尘暴灾害三个致灾因子之间的相关结构，四种常用的单参数三维 Archimedean Copula 函数，只有 Frank Copula 函数符合构建条件，且根据计算出的 RMSE 值、AIC 值和 Bias 值，Frank Copula 函数的拟合效果良好。因此，本章选择 Frank Copula 函数构建内蒙古自治区沙尘暴灾害致灾因子的三维联合分布模型。

**表 6-3　四种三维 Archimedean Copula 函数的参数估计值和拟合优度检验值**

| Copula 函数 | Estimates $\theta$ | 参数范围 | RMSE | AIC | Bias |
|---|---|---|---|---|---|
| Gumbel Copula 函数 | 0.9636 | $[1, \infty)$ | 0.08787 | -382.25 | -215.586 |
| Clayton Copula 函数 | — | $[-1, \infty]\backslash\{0\}$ | — | — | — |
| Frank Copula 函数 | **-0.4063** | $(-\infty, \infty)\backslash\{0\}$ | **0.02192** | **-601.63** | **-3.9809** |
| AMH Copula 函数 | -1.3779 | $[-1, 1)$ | 0.11481 | -339.99 | -158.208 |

因此，基于 Frank Copula 函数的 $I_{M'}$、$S$ 和 $M$ 的联合分布可以表示为

$$
\begin{aligned}
F(x, y) = C_\theta(u, v, w) &= C_\theta[F_I(i), F_S(s), F_M(m)] \\
&= -\frac{1}{\theta}\ln\left\{1 + \frac{(e^{-\theta u} - 1)(e^{-\theta v} - 1)(e^{-\theta w} - 1)}{(e^{-\theta} - 1)^2}\right\} \\
&= -\frac{1}{\theta}\ln\left\{1 + \frac{(e^{-\theta \cdot F_I(i)} - 1)(e^{-\theta F_S(s)} - 1)(e^{-\theta F_M(m)} - 1)}{(e^{-\theta} - 1)^2}\right\}
\end{aligned}
\tag{6-11}
$$

式中，$u = F_I(i)$，$v = F_S(s)$，$w = F_M(m)$。

对于 Copula 函数的拟合效果，可以根据拟合优度评价指标 RMSE 值、AIC

值和 Bias 值来衡量，也可以通过图形检验不同 Copula 函数类型对于实测数据的拟合效果，绘制沙尘暴灾害三致灾因子的经验频率与理论频率的 Q-Q 图，如果点据分布在图的对角线附近，说明拟合效果良好。

图 6-3 显示了分别基于 $S$、$M$ 两个致灾因子和 $I_{M'}$、$S$、$M$ 三个致灾因子运用 Frank Copula 函数构建的联合分布拟合效果 Q-Q 图。对于二维 Frank Copula 函数的拟合效果图，较低值经验点均匀分布在图的对角线附近，较高值区的理论累计概率偏低。而对于三维 Frank Copula 函数的拟合效果，在较高值区，更加贴近图的对角线。虽然从观测值和理论值的 $R^2$ 来看，二维 Frank Copula 函数总体的拟合效果稍好，$R^2$ 略高于三维 Frank Copula 函数，但从高值区的发生概率可以看出，三维 Frank Copula 函数对极端值的发生概率拟合得更好一些。但是，三维联合概率无论是参数估计还是函数构建方面的计算量都要远大于二维联合概率，因此，对于一般的灾害事件，可以构建二维的联合概率分布进行风险分析，而对于极端事件的研究，出于极端值拟合精度的要求，则需要考虑构建多维的联合概率分布进行分析。

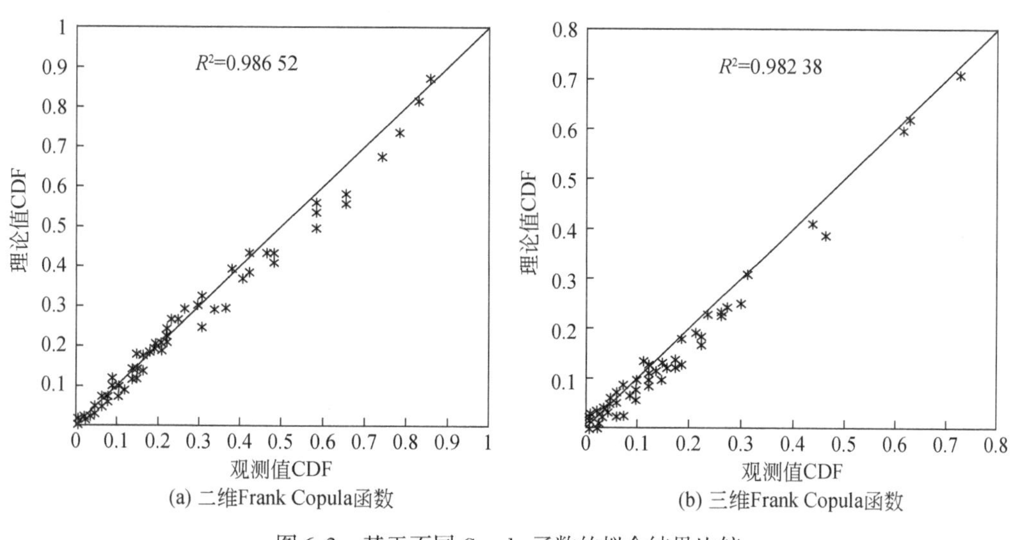


图 6-3　基于不同 Copula 函数的拟合结果比较

根据式（3-59）可以计算出经向环流指数、最大风速和土壤湿度的联合重现期 $T(I \geqslant i \cup S \geqslant s \cup M \leqslant m)$ 和同现重现期 $T(I \geqslant i \cap S \geqslant s \cap M \leqslant m)$。分别以经向环流指数 $I_{M'}=20$ hPa，$I_{M'}=40$hPa；最大风速 $S=25$m/s，$S=40$m/s；土壤湿度 $M=15\%$，$M=25\%$ 为条件绘制三个致灾因子变量的联合重现期和同现重现期四维切片图。在图 6-4 和图 6-5 中，在给定最大风速 $S=40$m/s 的切片上

可以看出随着经向环流指数和土壤湿度值的变化联合重现期和同现重现期的变化状况。当最大风速一定时，经向环流指数和土壤湿度值越大，相应的联合重现期和同现重现期越长。其他切片同理。比较图 6-4 和图 6-5，在相同经向环流指数、最大风速和土壤湿度值的状况下，同现重现期要远大于联合重现期。因为三个致灾因子同时超越相应设定值的概率要远小于某一致灾因子超越其设定值的概率。

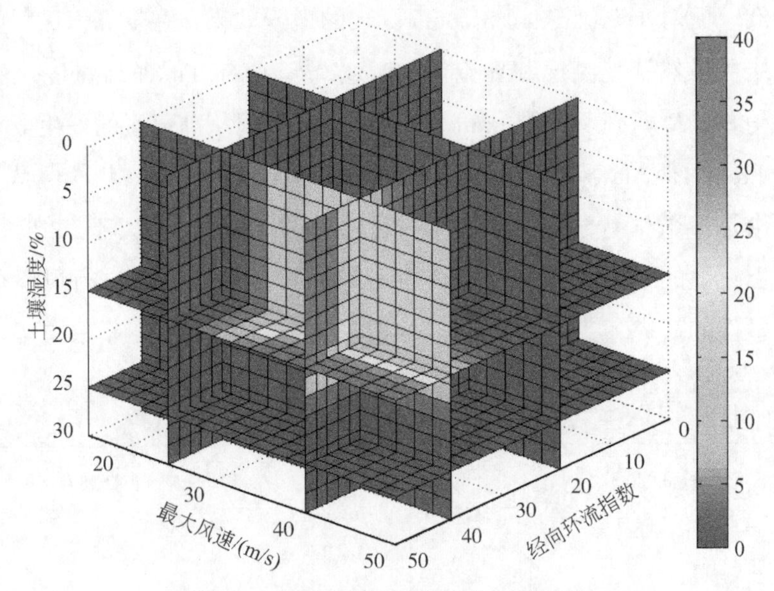


图 6-4　三致灾因子变量联合重现期图

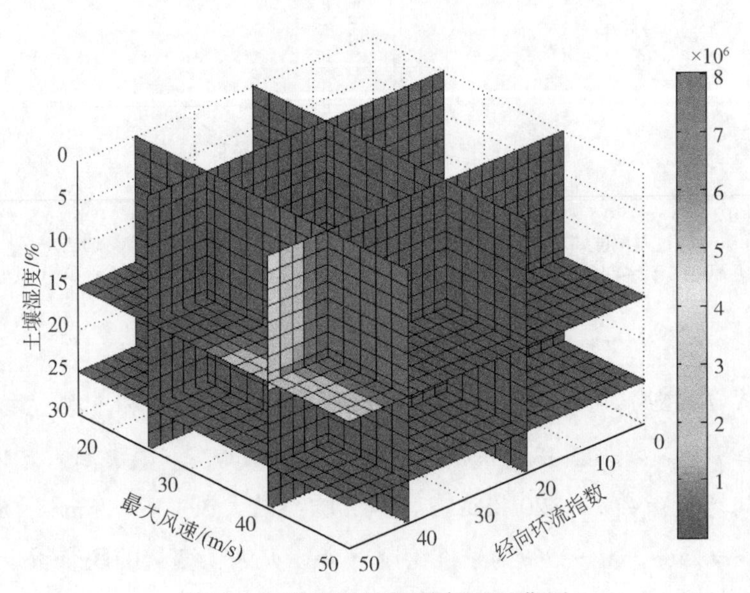


图 6-5　三致灾因子变量同现重现期图

根据单变量重现期的式（3-41）求出单变量重现期分别为1年、2年、5年、10年、20年、50年、80年和120年的经向环流值、最大风速和土壤湿度的取值，并将相应的值代入式（3-44）和式（3-52），分别计算出最大风速和土壤湿度的二维联合重现期 $T(S \geqslant s \cup M \leqslant m)$ 和加上经向环流指数的三维联合重现期 $T(I \geqslant i \cup S \geqslant s \cup M \leqslant m)$，结果见表6-4。

**表6-4　基于单变量的重现期和相应的联合重现期**

| 单变量重现/年 | $I_{M'}$/年 | $S$/(m/s) | $M$/% | 二维联合重现/年 | | | $I_{M'}$、$S$、$M$联合重现期/年 |
|---|---|---|---|---|---|---|---|
| | | | | $I_{M'}$和$S$ | $I_{M'}$和$M$ | $S$和$M$ | |
| 1 | 23.7 | 22.8 | 14.7 | 0.42 | 0.43 | 0.56 | 0.42 |
| 2 | 28.7 | 24.4 | 14.2 | 0.71 | 0.71 | 1.05 | 0.74 |
| 5 | 34.2 | 26.3 | 13.7 | 1.57 | 1.56 | 2.58 | 1.74 |
| 10 | 37.8 | 27.7 | 12.6 | 3.10 | 3.10 | 5.03 | 3.37 |
| 20 | 41.1 | 29.1 | 11.7 | 6.66 | 6.64 | 10.11 | 6.72 |
| 50 | 45.0 | 30.9 | 10.8 | 19.41 | 19.25 | 25.02 | 16.85 |
| 80 | 46.9 | 31.9 | 9.4 | 35.02 | 35.30 | 39.27 | 26.29 |
| 120 | 48.5 | 32.7 | 8.2 | 58.98 | 58.63 | 60.17 | 40.55 |

在给定经向环流指数、最大风速和土壤湿度三个致灾因子变量时，其相应的二维联合重现期和三维联合重现期要小于单变量的重现期，在致灾因子取值越大时，多维重现期与单变量重现期的差别越大，与第5章得出的结论一致。同时，三维重现期在小于10年时，与不同组合情况下的二维重现期差别不大，在大于10年重现期时，要小于不同组合情况下的二维重现期，如图6-6所示。

根据19年间统计的沙尘暴事件，联合重现期超过10年的共有两次，分别为1993年5月5~6日和2001年4月6~8日的特强沙尘暴。通过计算，基于$I_{M'}$和$S$的联合重现期为分别为10.27年和8.70年，基于$I_{M'}$和$M$的联合重现期为分别为9.89年和8.51年，基于$S$和$M$的联合重现期为分别为12.89年和11.51年，而基于$I_{M'}$、$S$和$M$三变量的联合重现期为分别为10.65年和9.59年。对于重现期在10年左右的沙尘暴灾害事件，通过5.3.2节中二维重现期和单变量重现期的比较得出，二维联合重现期要比单变量重现期更加接近现实，但是对于二维联合重现期和三维联合重现期，它们之间的差别不是很明显。因此对于沙尘暴这种重现期比较短的灾害而言，三维联合重现期没有明显的优势，但对于洪水、

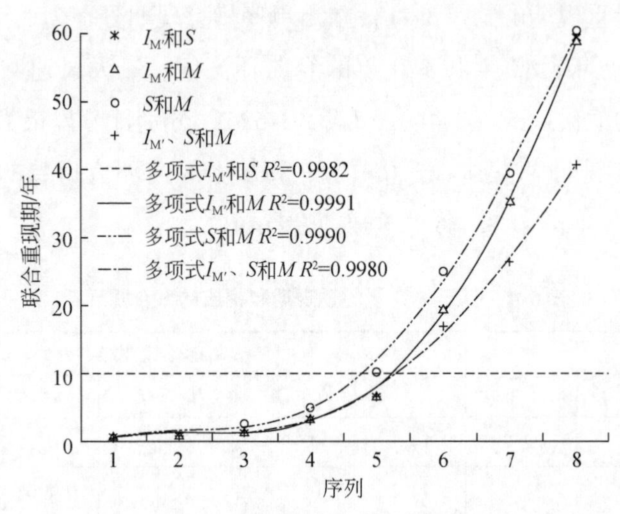


图6-6　二维联合重现期和三维联合重现期的拟合曲线

干旱、地震等重现期较长的灾害，三维联合重现期的优势是否能体现出来，还需要进一步的探索。

## 6.5　本章小结

本章通过基于监测数据的强沙尘暴致灾机理分析和多维重现期模拟，得出如下结论。

（1）经向环流指数、最大风速和土壤湿度的最优分布模型分别为 Weibull 分布、极值分布Ⅰ型和 Gamma 分布。在常用的 Archimedean Copula 函数中，Frank Copula 函数符合强沙尘暴多维致灾要素的构建条件。这说明 Copula 函数法具备扩展到强沙尘暴三维模拟的能力，该方法也为沙尘暴灾害多维分析方法的探讨提供了一种新思路。

（2）对于强沙尘暴事件，二维 Frank Copula 联接函数在致灾要素分布的下尾部分拟合较好。在中尾和上尾部分，三维 Frank Copula 的拟合效果有明显提高。对于强沙尘暴灾害，当重现期小于 10 年时，三维重现期与不同组合情况下的二维重现期差别不大，但当重现期大于 10 年时，二维重现期的计算结果明显偏大，三维重现期要更加接近实际。重现期评估结果偏大会导致灾害发生的频次的低估，容易降低人们和政府对灾害的重视程度，减弱防灾减灾工作力度，不利于沙尘暴的长期防治。

（3）在我国，沙尘暴事件每年都会发生数次，但特大沙尘暴次数较少。总体而言，沙尘暴灾害属于重现期较短的灾害，因此，二维联合分布的整体拟合效果会略好于三维。对于特大级别沙尘暴灾害，三维重现期的计算结果更加准确。虽然三维联合函数无论是参数估计还是构建的计算量都要远大于二维联合函数，但结果显示，像极端气象灾害等重现期较长的灾害事件，三维联合重现期或许更加具有应用价值，相关内容还有进一步探索的价值。

# 7 基于联合重现期的洪水遭遇风险分析

洪水是我国频发的一种自然灾害，造成的损失巨大，严重影响农业生产，制约经济发展。因此，洪水重现期及风险大小更加精确的计算非常重要，它直接关系到堤坝设防工程的建设和防灾减灾能力的提高。传统水文频率分析计算往往仅选择洪峰、洪量、历时等单变量分析计算，无法反映随机事件的真实特性及其之间的相互关联，因此基于多维联合概率分布的重现期计算和风险分析方法亟待挖掘和完善。

对确定流域而言，一场暴雨造成的洪涝灾害不仅与区间暴雨有关，还与区间暴雨相遭遇的外江洪水位息息相关。为了加强当地的洪涝灾害风险管理、提高防灾减灾能力，必须知道区间暴雨与外江洪水位遭遇的概率风险，从而也使选定的区间暴雨与外江洪水位组合真正具有重现期意义。而遭遇的风险分析又必须以区间暴雨与外江洪水位遭遇的联合分布为基础，到目前为止，常用的方法多为对历年同步洪水资料进行统计分析，无法定量估计发生百年一遇或千年一遇设计洪水的遭遇概率。笔者认为洪水遭遇也是一个多变量的频率组合的问题，可采用多维的分析方法对其进行研究。近年来兴起并在水文领域得到初步应用的 Copula 函数能有机结合随机变量间的相关程度和相关模式，巧妙地将具有相关关系的变量之间的联合分布分解为变量的相关结构和变量的边缘分布这两个相互独立的部分来分别加以处理，模型的形式灵活多样且不受边缘分布形式的限制，为客观、定量、准确地建立多维联合分布提供了一种应用潜力巨大的新方法。

本章以湖南省桃源县沅水为研究对象，引入 Archimedean Copula 函数，建立了区间暴雨和外江洪水位二维联合概率分布，由此可以计算当地洪涝灾害发生的联合重现期和风险大小，为 Copula 函数在自然灾害中的进一步应用和完善打下基础。

## 7.1 洪水遭遇风险分析

《洪水评估手册》(Reed, 1999) 指出，洪水风险分析就是估计洪水发生的风险。洪水风险管理规划指出洪水风险分析工作就是估计特定洪水事件的概率(陈璐, 2013)。本章主要是评估洪水遭遇这一特定事件的风险率。洪水遭遇是指流域内河流的干支流在同一时间内发生大的洪水，或者不同流域（地区）同一时间内发生大的洪水，采用概率值来描述遭遇的可能性大小。多维的联合分布函数和条件分布函数为洪水遭遇的研究提供了理论基础。

区间暴雨量 $X$、外江洪水位 $Y$ 均为连续的随机变量，变量 $X$, $Y$ 的边缘分布函数为 $F_X(x)$ 和 $F_Y(y)$ ，则它们的联合分布如式（7-1）。联合密度函数在（$x$, $y$）处函数值的大小可以反映区间暴雨和外江洪水位在（$x$, $y$）处遭遇的概率。风险是指一定时空条件下非期望事件发生的概率，对单变量而言，风险概率为超越概率，即超过某一特定值的概率。对于与区间暴雨和外江洪水位遭遇有关的问题，非期望事件是指暴雨洪水可能造成对人的财产、健康、生命安全和环境造成危害或构成不利影响，这个可以用灾害造成的损失来量化表示，因此风险可以表示为潜在损失发生的概率。区间暴雨量 $X$ 和外江洪水位 $Y$ 的联合超越概率为

$$P_{超}(X \geqslant x, \ Y \geqslant y) = 1 - F(x, \ y) \tag{7-1}$$

超过某一特定值的重现期为超越概率的倒数。故对 $X$、$Y$, 针对单变量的条件重现期和联合重现期分别为

$$T_X = \frac{1}{1 - F_X(x)}, \ F_X(x) = \Pr[X \leqslant x] \tag{7-2}$$

$$T_Y = \frac{1}{1 - F_Y(y)}, \ F_Y(y) = \Pr[Y \leqslant y] \tag{7-3}$$

$$T(x, \ y) = \frac{1}{1 - F(x, \ y)}, \ F(x, \ y) = \Pr[X \leqslant x, \ Y \leqslant y] \tag{7-4}$$

## 7.2 研究区域与资料来源

桃源县位于湖南省西北部，处于滨湖平原向湘西山区过渡地带。桃源县南

部和西北部山地崛起，地势朝中部及东部倾斜，属于一个不完整的山间丘陵盆地。沅水自西向东横贯全县，沅水及其支流的特点是落差大，河床坡降陡。由于地形、气候、植被等各种因素的影响，春末夏初降雨高度集中、强度大，洪涝威胁很大。本章采用桃源县桃源气象站53年（1951～2003年）的历年最大日降雨量和桃源县水文站相应日最高水位两个变量来建立联合分布。由于最高水位往往出现在最大降雨日的推后几天，资料统计时，相应日水位在年最大降雨量日向后浮动3天左右，然后选取最大的值。

## 7.3 模型构建和计算

### 7.3.1 变量边缘分布的确定

本章中变量的边缘分布通过经验判断、参数估计、目测结合假设检验的方法确定，最后通过 Anderson-Darling 检验，得到年最大日降雨量和相应水位的边缘分布分别为极值分布Ⅰ型和 Weibull 分布，最大日降雨量的概率分布和边缘分布函数分别为

$$f_X(x|\mu,\ \lambda)=\frac{1}{\lambda}\exp\left[\frac{-(x-\mu)}{\lambda}-\exp\left(\frac{-(x-\mu)}{\lambda}\right)\right] \tag{7-5}$$

$$F_X(x|\mu,\ \lambda)=\int\frac{1}{\lambda}\exp\left[\frac{-(x-\mu)}{\lambda}-\exp\left(\frac{-(x-\mu)}{\lambda}\right)\right]\mathrm{d}x \tag{7-6}$$

式中，$\mu=83.3694$，$\lambda=26.1726$。

相应水位的概率分布和边缘分布函数分别为

$$f_Y(y|m,\ s,\ \alpha)=\frac{\alpha}{s}\left(\frac{y-m}{s}\right)^{\alpha-1}\exp\left[-\left(\frac{-(y-m)}{s}\right)^{\alpha}\right] \tag{7-7}$$

$$F_Y(y|m,\ s,\ \alpha)=\int\frac{\alpha}{s}\left(\frac{y-m}{s}\right)^{\alpha-1}\exp\left[-\left(\frac{-(y-m)}{s}\right)^{\alpha}\right]\mathrm{d}y \tag{7-8}$$

式中，$m=0$，$s=41.7196$，$\alpha=14.91254$。

年最大日降雨量和相应水位的边缘分布曲线如图7-1所示，可以看出，最大降雨日属于较明显的正偏分布，它相对应的水位则属于明显的负偏分布。这也与实际情况相符，最大降雨日对应的水位一般较高的偏多，如果某年最大降雨日与最高水位遭遇在了一起，发生洪涝灾害的概率也明显增大。

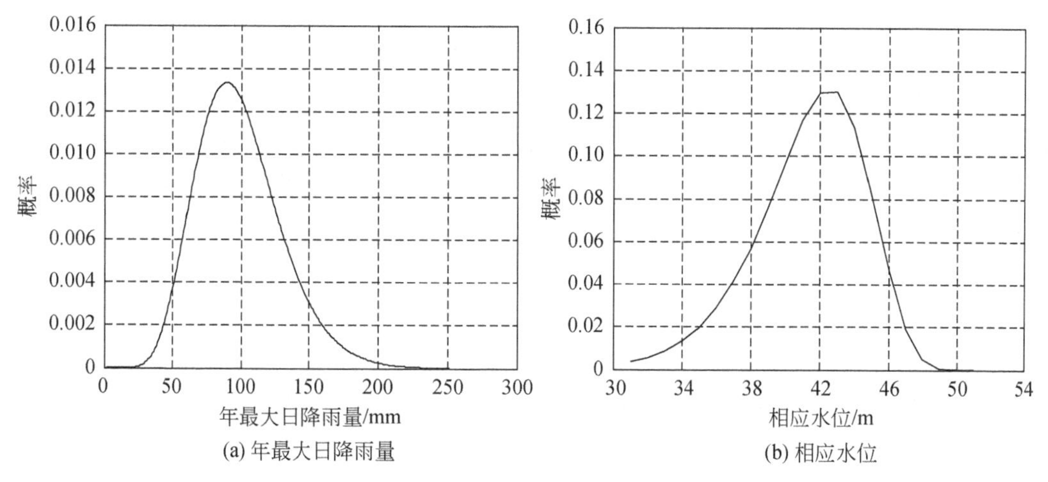

(a) 年最大日降雨量　　(b) 相应水位

图 7-1　两变量的边缘分布曲线

### 7.3.2 Copula 函数的选择及联合分布的建立

通过计算得出两变量的 Kendall 秩相关系数 $\tau = 0.331$，根据 Kendall 秩相关系数 $\tau$ 和 K-S 检验，以及离差平方和 OLS 最小准则对 Copula 函数进行拟合优度评价。最后选取 $S_{\mathrm{OLS}}$ 值最小的 Clayton Copula 函数来建立联结函数（详细过程略）。根据 $\tau$ 计算得出 $\theta = 0.9895$，则最大日降雨量和相应水位的联合分布为

$$F(x, y) = \{[F_X(x)]^{-\theta} + [F_Y(y)]^{-\theta} - 1\}^{-1/\theta} \tag{7-9}$$

联合概率密度函数为

$$f(x, y) = \frac{\partial^2 F(x, y)}{\partial x \partial y} = (\theta + 1) \cdot [F_X(x) F_Y(y)]^{-\theta-1} \cdot \{[F_X(x)]^{-\theta} + [F_Y(y)]^{-\theta} - 1\}^{-1/\theta-2} \cdot f(x) f(y) \tag{7-10}$$

由式（7-9）、式（7-10）和式（7-4）分别可以在 MATLAB 中方便地计算出两变量任意组合下的联合概率密度、联合分布和联合重现期（图 7-2）、条件重现期，能够为防洪工程的建设提供重大的参考价值。

结合桃源县水利局提供的 1978 ~ 2003 年洪涝灾害受灾面积和直接经济损失数据（以前年份记录有缺失），以及县级洪涝灾害等级划分标准，本章将 26 年间桃源县发生的洪水灾害分级为：特大灾、大灾、中灾和小灾。表 7-1 中为最大日降雨量和最高水位遭遇在一起的年份，共 12 年，其中有 11 年发生了洪水灾害，9 年为中灾级别及以上的洪水，可见两者遭遇在一起的时候，发生洪涝灾害的概率非常大，特别是高级别洪涝灾害。所以以两者联合分布为基础的重现期研究非常的

必要。1998 年大洪水当地也为重灾区，但当时是由连续多次强降雨过程造成的，所以 1998 年洪水比较特殊，最高水位日和最大降雨量日相隔天数较多。

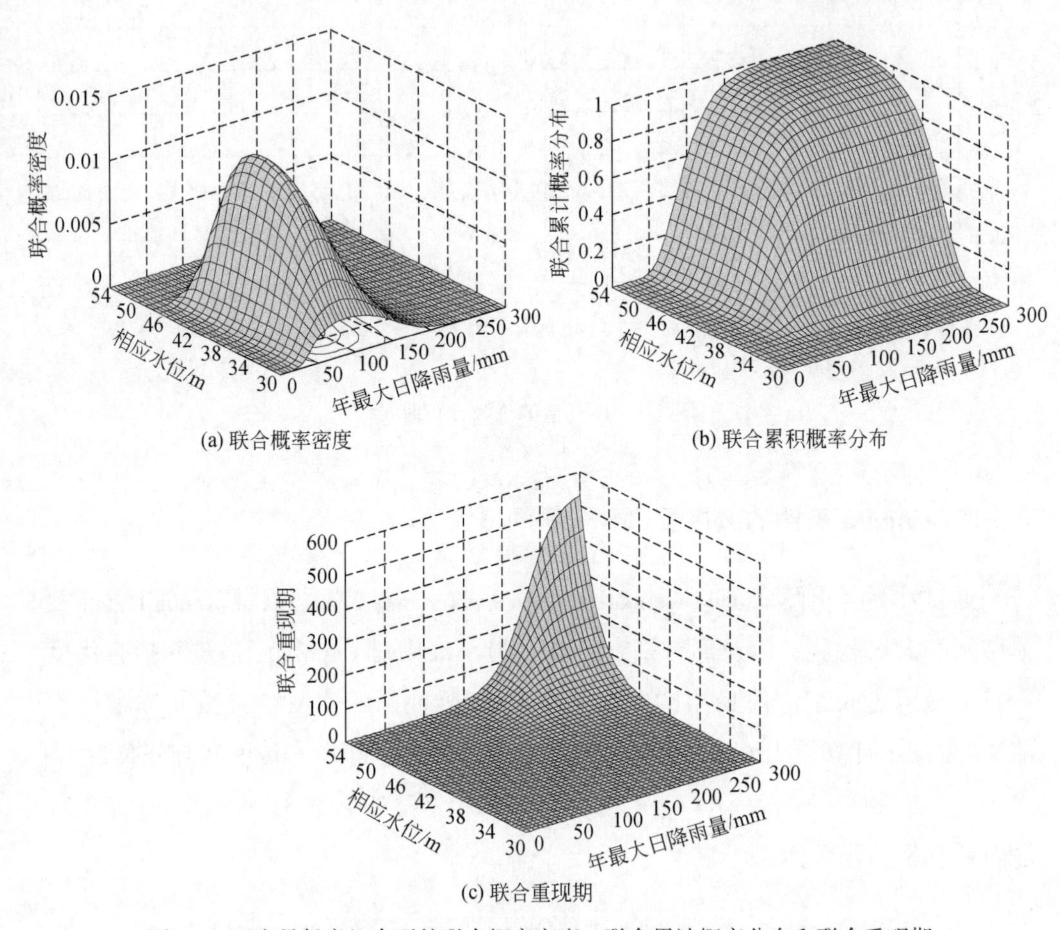


(a) 联合概率密度

(b) 联合累积概率分布

(c) 联合重现期

图 7-2　两变量任意组合下的联合概率密度、联合累计概率分布和联合重现期

**表 7-1　两变量最大值遭遇的灾害情况**

| 年份 | 年最大日雨量/mm | 相应水位/m | 洪涝级别 | 重现期/年 |
|---|---|---|---|---|
| 1980 | 150.9 | 43.15 | 中灾 | 6 |
| 1982 | 99.4 | 41.29 | 中灾 | 2 |
| 1983 | 180.5 | 40.77 | 中灾 | 3 |
| 1985 | 74.1 | 39.7 | 小灾 | 1 |
| 1988 | 86.3 | 42.79 | 小灾 | 2 |
| 1990 | 109.4 | 43.28 | 中灾 | 3 |
| 1993 | 94.7 | 44.77 | 大灾 | 2 |
| 1995 | 86.6 | 45.86 | 特大灾 | 3 |

续表

| 年份 | 年最大日雨量/mm | 相应水位/m | 洪涝级别 | 重现期/年 |
|---|---|---|---|---|
| 1996 | 82.2 | 46.9 | 特大灾 | 2 |
| 1999 | 115.5 | 46.62 | 特大灾 | 4 |
| 2001 | 54.8 | 39.79 | 无灾 | 无 |
| 2002 | 110 | 43.13 | 大灾 | 3 |

## 7.4 本章小结

（1）对于桃源县来说，最大降雨日属于较明显的正偏分布，它相对应的水位则属于明显的负偏分布，这与实际情况相符。

（2）根据对洪涝灾害相应损失的统计得出，当两变量遭遇在一起的时候，发生洪涝灾害的概率非常大，特别是高级别洪涝灾害。对于小的灾害，重现期计算的时候可以只考虑一个主要因素，但是对于经常发生中灾及以上的地区和河段，也可以表述为年最大降雨量日和年最高水位日遭遇概率较大的地区，就需要考虑两个或多个因素来计算重现期，灾害等级越大，损失越大，防灾减灾需要的重现期就更加精确。

（3）目前灾害风险研究的一个非常关键的问题就是建立更加客观、定量化的、综合考虑多要素的及它们相互关系的联合分布，由此建立更加贴合现实情况的超越概率曲线，结合损失等级，进行风险评估。而 Copula 函数在这方面具有巨大的应用潜力。

（4）目前 Copula 函数在洪涝灾害中的应用还主要集中在二维的研究中，随着灾害影响机制的复杂化和灾害影响因素的多样化，其不确定性也更大，这样需要分析的变量也就越多，因此 Copula 函数在三维或更多维方面有待进一步的挖掘，相应的参数估计等问题也有待进一步的研究。

（5）基于 Copula 函数建立联合分布需要非常大的连续的样本来支撑，特别是灾害风险分析中需要的损失数据，但这些数据往往比较难以获取，因此要突破样本容量限制就需要和随机模拟等技术结合起来。

（6）Copula 函数在洪涝灾害重现期研究和风险分析中得出的是多变量的组合情况，与实际应用相结合的时候，具体哪个变量取值多少，还应该根据实际需要来进一步分析，它比传统的方法更精确，应用也更为复杂。

# 8 基于预警指标的海冰灾害联合重现期研究

通过前面4章Copula函数在气象灾害、水文灾害上面的应用研究，得出Copula函数理论和方法在以上灾种上具有较大的应用和研究价值。但是，国内对于该方法在海洋灾害上的研究几乎没有。根据2013年5月8日首发的《中国海洋发展报告（2013）》预测，未来20年，海洋经济仍将处于成长期，海洋经济对国民经济的贡献率仍将稳步上升。根据该报告预测，2015年我国海洋生产总值占国内生产总值比重将达10%，在2020年、2025年和2030年将分别达到12.44%、13.89%和15.49%。伴随着海洋经济的快速发展和海洋开发利用的进一步深入及全球气候的变化，海洋灾害的发生频率也将会继续呈上升趋势。自20世纪80年代以来，中国近海海域及海岸带区域的海洋灾害损失年均增长近30%，是各种自然灾害造成经济损失中增长最快的。在某些地区，甚至已经成为制约当地社会经济可持续发展的障碍（赵领娣，2004）。因此，本章选取一种海洋灾害，进行Copula函数理论和方法的应用尝试。

渤海沿岸是中国北方最重要的经济地带，也是东北亚经济圈的中心地区。石油开发、大型电厂、水产养殖、港口航运、石化炼化、海水淡化、冶金钢铁等涉海产业密集分布在该海域及其沿海地区（杨华庭等，1993；孙劭等，2011；孙劭和史培军，2012）。每年冬季，我国渤海海域都会出现海冰，严重时对海上交通造成威胁，危害港口、石油平台及冰区核电安全运行，影响沿海养殖业发展，甚至造成部分海岛居民生活困难等。仅以2009~2010年为例，海冰灾害就造成辽宁、河北、天津和山东沿海三省一市6.1万人受灾，7157艘船只损毁，296个港口及码头封冻，207.87hm$^2$水产养殖面积受损，因灾直接经济损失高达63.18亿元［《中国海洋灾害公报》(2010年)］。为了降低海冰灾害的损失，避免极端海冰灾害带来的灾难性后果，亟待引入海冰灾害的风险管理措施，从风险识别、风险评估、风险监控等方面主动地防灾减灾。

海冰灾害的风险评估在我国尚处于刚起步阶段，本章运用 Copula 函数模型，将结冰范围与最大冰厚的边缘分布和它们之间的相依结构分开考虑，然后利用极值分布对海冰灾害风险的两个致灾因子进行拟合，建立其对应的边缘分布，最后利用 Archimedes Copula 函数捕捉海冰灾害风险主要致灾因子之间的极值相依结构，构建基于 Copula 函数的海冰灾害风险评估模型，并以此计算出海冰灾害风险的重现期以期能为多维海冰灾害风险评估提供一种新思路。

## 8.1 海冰灾害致灾要素分析

海冰灾害对不同承灾体的风险模式、形成机理和影响方式各不相同，即使同样的风险模式，对不同类别的工程所产生的隐患和可能后果也有所差异。根据理论研究和案例分析，本章提出了典型海冰风险模式所涉及产业及冰情指标；并以冰区核电工程为例，经过多个国内外冰区核电站的调研和分析，得出位于冰区的核电工程会受到海冰的影响，其对核电工程运行安全的潜在威胁主要包括如下几点。

**1）区域冰情的影响（海冰分布）**

作用方式：区域冰情特征决定了海冰对核电工程迎冰建构筑物和设备的潜在风险。此类风险的重点冰情要素为历史冰厚、冰运动速度和方向、浮冰类型等。

**2）海冰对核电工程沿海建构筑物的影响（海冰强度）**

作用方式：强度较大的海冰可能对防波堤等防护工程、取排水构筑物和重大件码头等沿海建构筑物构成威胁。此类风险的重点关注冰情要素为核电工程海域的海冰单轴抗压强度，确定该海域的海冰强度和海冰堆积及其可能对建构筑物的影响与损害。

**3）巨厚冰块堵塞（海冰运动）**

作用方式：厚度达 2m 以上的冰盘，随着潮流和风而不断迁移，如果漂移到取水口附近，则存在堵塞取水口的风险。此类风险重点关注大冰块的运动速度和方向、冰块厚度等。

**4）碎冰堆积和下潜堵塞**

取水口附近海域有浮冰运动的情况下，海冰可能在向取水口上端的墙体不断冲击下形成不同尺寸的破碎海冰。在水动力较弱时，会在取水口水面位置即取水口墙前形成稳定堆积，同时随着浪和流的综合作用，碎冰可能通过取水口粗格栅，进入取水涵洞，堵塞细格栅。此类风险重点关注冰块尺寸、冰块数量、冰块运动速度和方向等。

**5）冰絮骤凝**

在冬季温度较低的环境下，悬浮于冷却用水中的冰絮通过细格栅和转鼓滤网时，能够很快地附着在上面，随着气温的下降，越来越厚的冰会堵塞冻结，堵塞细格栅或转鼓滤网，减少过水断面，威胁取水安全。此类风险重点关注环境气温、表层水温、转鼓滤网状况和细格栅网格大小等。

针对冰区主要涉海产业和风险模式，表8-1给出了其中主要冰情指标：海冰分布范围、冰块尺寸、海冰厚度、浮冰速度、水位、海况（浪高）、浮冰尺寸、浮冰密度、浮冰量等。

**表8-1　典型海冰风险模式及主要冰情要素**

| 风险模式 | 影响产业 | 主要冰情要素 |
| --- | --- | --- |
| 海冰堆积 | 滨海冷源取水工程、石油平台、港口码头 | 海冰分布范围、冰块尺寸、浮冰运动速度和方向、海冰厚度、冰期 |
| 海冰冲击 | 石油平台、港口码头、海上桥梁、滨海冷源取水工程 | 海冰冰厚、海冰强度、冰块尺寸、浮冰运动速度和方向、冰期 |
| 浮冰下潜 | 滨海冷源取水工程 | 浮冰尺寸、浮冰密度、易下潜冰块数量、冰块垂向速度 |
| 冰絮骤凝 | 滨海冷源取水工程 | 冰絮比例、温度 |
| 航道封锁 | 海上交通运输 | 海冰分布范围、海冰厚度、浮冰密集度 |
| 冻结荷载 | 港口码头、海上桥梁 | 冻结强度 |

## 8.2　研究区域与资料来源

本章的研究区域为渤海辽东湾（图8-1）。海冰的形成和分布是区域气象要素和物理海洋要素共同作用的结果，具有明显的区域差异特性。历年来，我国渤海辽东湾的冰情最重，年平均冰期为125d左右，沿岸固定冰期为60～70d，盛冰期间，流冰外缘离辽东湾北岸65～85n mile①（丁德文，1999）。我国第九大港口——营口港和首座冰区核电站（辽宁红沿河核电站）位于我国海冰冰情最

① 1n mile≈1.852km。

为严重的海域，该海域浮冰漂移运动性强，盛冰期冰层较厚，因此冰情变化对沿岸经济体的安全运行至关重要。

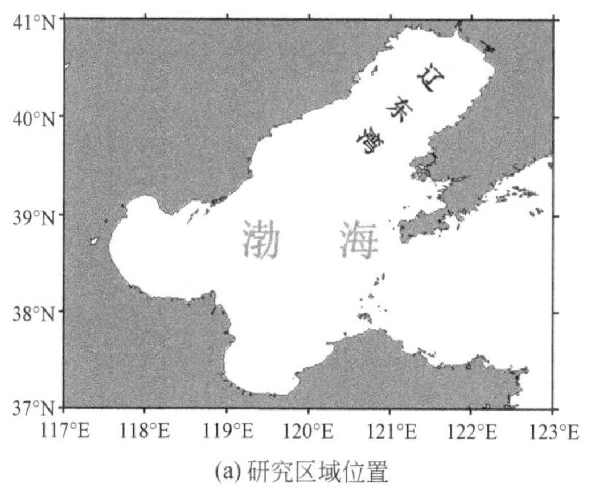


(a) 研究区域位置

(b) 冰情卫星图像(2016年2月3日)

图 8-1 研究区域位置和冰情卫星图像

注：数据来源于现场监测和《中国海洋灾害公报》（1989 ~ 2015）、《中国海洋灾害四十年资料汇编》

## 8.3 模型构建和计算

利用表 8-2 的数据统计结果，对辽东湾海冰灾害的主要致灾冰情要素进行统计分析。对冰厚、冰速、海冰压缩强度三要素进行 Kendall's $\tau$ 秩相关分析，发现三要素间没有显著的相关性特征，但通过概率直方图显示，他们具有非对称的上后尾特征。冰量和浮冰密集度的秩相关系数 $\tau$ =0. 663，通过了 0. 01 水平的显著性检验，呈显著相关性。结冰范围与冰厚的 Kendall 秩相关系数 $\tau$ =0. 599，通过了 0. 01 水平的显著性检验。两者存在显著相关性。

**表 8-2 海冰灾害冰情要素统计情况**

| 冰情要素 | 时段 | 样本描述 |
|---|---|---|
| 冰型 | 1963 ~ 1972 年<br>1995 ~ 2016 年 | 每日观测数据 |
| 浮冰冰量 | 1963 ~ 1972 年<br>1995 ~ 2016 年 | 每日观测数据 |
| 浮冰密集度 | 1963 ~ 1972 年<br>1995 ~ 2016 年 | 每日观测数据 |

续表

| 冰情要素 | 时段 | 样本描述 |
| --- | --- | --- |
| 浮冰流速 | 1963～1972年<br>1995～2016年 | 每日观测数据 |
| 浮冰运动方向 | 1963～1972年<br>1995～2016年 | 每日观测数据 |
| 冰厚 | 1950～2016年<br>1995～2016年 | 每年观测数据<br>每日观测数据 |
| 堆积冰高度 | 1995～2016年 | 每日观测数据 |
| 压缩强度 | 1996～2000年 | 定点观测数据 |
| 结冰范围 | 1950～1972年<br>1995～2016年 | 每年数据 |
| 冰级 | 1951～2016年 | 每年数据 |
| 表层水温 | 2013～2016年 | 每日观测数据 |
| 平均风速 | 1963～2016年 | 每日整点观测数据 |
| 平均气温 | 1963～2016年 | 每日整点观测数据 |
| 平均水温 | 1963～1972年<br>1995～2016年 | 每日观测数据 |
| 降水量 | 1963～1972年<br>1995～2016年 | 每日观测数据 |

通过直方图初判、参数估计及0.01水平下的假设检验，确定它们的最优边缘分布类型，具体见表8-3，其中参数通过最大似然估计法计算得出。

**表8-3　海冰各致灾要素的边缘分布函数**

| 变量 | 分布函数 | | 参数 |
| --- | --- | --- | --- |
| 结冰范围 | 对数正态分布 | $f_X(x\mid\mu,\ \sigma)=\frac{1X}{x\sigma\sqrt{2\pi}}\exp\left(\frac{-(\ln x-\mu)^2}{2\sigma^2}\right);\ x>0$ | $\mu=3.8031$<br>$\sigma=0.2227$ |
| | | $f_X(x\mid\mu,\ \sigma)=\int\frac{1}{x\sigma\sqrt{2\pi}}\exp\left(\frac{-(\ln x-\mu)^2}{2\sigma^2}\right)\mathrm{d}x$ | |
| 冰厚 | 极值Ⅰ型分布 | $f_Y(y\mid\mu,\ \lambda)=\frac{1}{\lambda}\exp\left[\frac{-(y-\mu)}{\lambda}-\exp\left(\frac{-(y-u)}{\lambda}\right)\right]$ | $\mu=41.1157$<br>$\lambda=8.9501$ |
| | | $f_Y(y\mid\mu,\ \lambda)=\int\frac{1}{\lambda}\exp\left[\frac{-(y-\mu)}{\lambda}-\exp\left(\frac{-(y-u)}{\lambda}\right)\right]\mathrm{d}y$ | |

续表

| 变量 | 分布函数 | | 参数 |
| --- | --- | --- | --- |
| 冰速 | 瑞利分布 | $f(x)=\frac{x}{\sigma^2}\exp\left(-\frac{x^2}{2\sigma^2}\right),\ x>0$ | $\sigma=28.7498$ |
| | | $F(x)=\int\frac{X}{\sigma^2}\exp\left(-\frac{x^2}{2\sigma^2}\right)\mathrm{d}x$ | |
| 海冰压缩强度 | 正态分布 | $f(x)=\frac{1}{\sigma\sqrt{2\pi}}\exp\left[-\frac{1}{2}\left(\frac{x-\mu}{\sigma}\right)^2\right]$ | $\sigma=0.264$ $\mu=1.035$ |
| | | $F(x)=\int\frac{1}{\sigma\sqrt{2\pi}}\exp\left[-\frac{1}{2}\left(\frac{x-\mu}{\sigma}\right)^2\right]\mathrm{d}x$ | |

依据国家海洋局1973年制定的《中国海冰冰情预报等级》，渤海和黄海北部冰情等级划分以结冰范围（n mile）、一般冰厚（cm）和最大冰厚情况（cm）三个指标为判别依据，共划分为轻冰年、偏轻年、常冰年、偏重年和重冰年五个级别（表8-4）。《海洋预报和警报发布第3部分：海冰预报和警报发布》（GBT 19721.3—2006）中以单层最大冰厚和结冰范围为海冰预报和预警的判别指标。结冰范围指海冰的最大离岸距离，同时也反映了冰情的轻重状况。海冰厚度是海冰荷载计算的一个重要参数，也是衡量冰情轻重的一个重要指标。因此，本章选取1950~2014年（共65个样本）辽东湾结冰范围和最大冰厚两个预警指标进行海冰灾害风险分析。

**表8-4 辽东湾冰情等级表**

| 冰情等级 | 辽东湾 | | |
| --- | --- | --- | --- |
| | 结冰范围/n mile | 最大冰厚/cm | 一般冰厚/cm |
| 1（轻冰年） | <35 | 30 | <15 |
| 2（偏轻年） | 35~65 | 45 | 15~25 |
| 3（常冰年） | 65~90 | 60 | 25~40 |
| 4（偏重年） | 90~125 | 70 | 40~50 |
| 5（重冰年） | >125 | 100 | >75 |

### 8.3.1 变量边缘分布的确定

历年冰情序列的结冰范围 $X$ 和最大冰厚 $Y$ 均为连续的随机变量，设它们的

边缘分布分别为 $F_x(x)$，$F_y(y)$。通过直方图初判、参数估计及 0.01 水平下的假设检验，确定它们的最优概率分布类型，具体见表 8-5。历年结冰范围和最大冰厚的边缘分布类型分别为对数正态分布和极值分布 I 型，其中参数通过最大似然估计法计算得出。相应的边缘分布曲线如图 8-2 所示。

**表 8-5　X、Y 的概率分布和边缘分布**

| Variables | Type | Distribution function | Parameters |
|---|---|---|---|
| $X$ | 对数正态分布 | $f_X(x\mid\mu,\ \sigma)=\dfrac{1X}{x\sigma\sqrt{2\pi}}\exp\left(\dfrac{-(\ln x-\mu)^2}{2\sigma^2}\right)$；$x>0$ | $\mu=3.8031$ |
| | | $F_X(x\mid\mu,\ \sigma)=\int\dfrac{1}{x\sigma\sqrt{2\pi}}\exp\left(\dfrac{-(\ln x-\mu)^2}{2\sigma^2}\right)\mathrm{d}x$ | $\sigma=0.2227$ |
| $Y$ | 极值分布 I 型 | $f_Y(y\mid\mu,\ \lambda)=\dfrac{1}{\lambda}\exp\left[\dfrac{-(y-\mu)}{\lambda}-\exp\left(\dfrac{-(y-\mu)}{\lambda}\right)\right]$ | $\mu=41.1157$ |
| | | $F_Y(y\mid\mu,\ \lambda)=\dfrac{1}{\lambda}\exp\left[\dfrac{-(y-\mu)}{\lambda}-\exp\left(\dfrac{-(y-\mu)}{\lambda}\right)\right]\mathrm{d}y$ | $\lambda=8.9501$ |

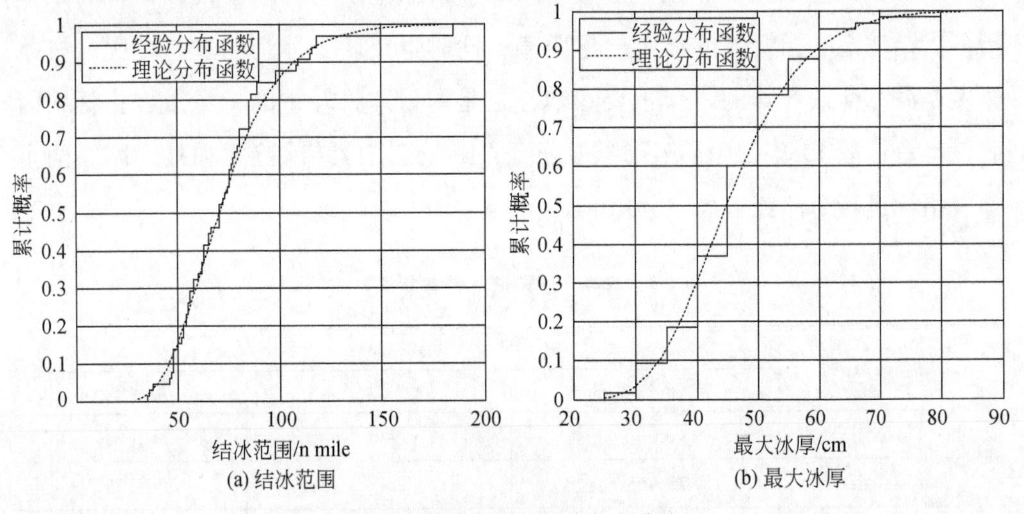


图 8-2　致灾要素的边缘分布曲线

## 8.3.2　联合分布

拟合优度评价是选择 Copula 函数模型后必不可少的一个步骤。为了检验函数模型拟合的有效性，本章采用均方根误差（RMSE）、AIC 准则法和 Bias 值为指标进行拟合优劣的评价（Zhang，2005）。首先对两变量的相关性进行度量，计

算得出 $X$ 和 $Y$ 两变量的 Kendall 秩相关系数 $\tau=0.599$（$N=65$），通过了 0.01 水平的显著性检验，两者存在较大的正相关性。因为 AMH Copula 函数仅适用于相关性较低的情况，首先排除；然后通过变量间的 Kendall's 秩相关系数 $\tau$ 与 Copula 函数参数 $\theta$ 之间的解析关系，计算得出三类阿基米德 Copula 函数的表达式。根据拟合优度检验，Gumbel Copula 函数无论是 AIC 值还是 RMSE 值都最小，因此，对于存在较高正相关性的结冰范围和最大冰厚，Gumbel Copula 函数拟合的联合分布最优。

基于 Frank Copula 函数的 $X$ 和 $Y$ 联合分布可以表示为

$$\begin{aligned} F(x,\ y) &= C_\theta(u,\ v) = C_\theta[F_X(x),\ F_Y(y)] \\ &= \frac{1}{\theta}\ln\left\{1+\frac{(\mathrm{e}^{-\theta u}-1)(\mathrm{e}^{-\theta v}-1)}{\mathrm{e}^{-\theta}-1}\right\} \\ &= -\frac{1}{\theta}\ln\left\{1+\frac{(\mathrm{e}^{-\theta,\ F_X(x)}-1)(\mathrm{e}^{-\theta,\ F_Y(y)}-1)}{\mathrm{e}^{-\theta}-1}\right\} \end{aligned} \tag{8-1}$$

式中 $u=F_X(x)$，$v=F_Y(y)$，相应的联合概率密度函数为

$$f(x,\ y)=\frac{\partial^2 F(x,\ y)}{\partial x \partial y}=c_\theta(u,\ v)=\frac{\theta(1-\mathrm{e}^{-\theta})\mathrm{e}^{-\theta(u+v)}}{[(1-\mathrm{e}^{-\theta})-(\mathrm{e}^{-\theta u}-1)(\mathrm{e}^{-\theta v}-1)]^2} \tag{8-2}$$

通过 MATLAB 进行计算，图 8-3 显示了结冰范围和冰厚的联合累计概率分布及其等值线。

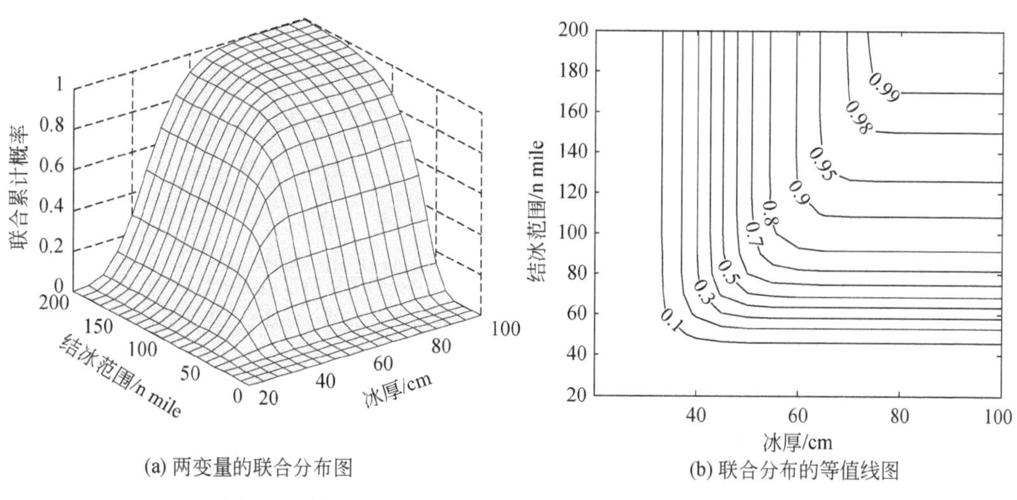


(a) 两变量的联合分布图

(b) 联合分布的等值线图

图 8-3　结冰范围和冰厚的联合累计概率分布及其等值线

根据式（8-2）计算不同冰情等级的发生的联合概率大小，$P$（1 级）= 0.0462，$P$（2 级）= 0.4769，$P$（3 级）= 0.2615，$P$（4 级）= 0.1846，$P$（5 级）= 0.0308，由此可见，辽东湾冰情偏轻年发生最频繁，几乎每两年发生一次，其次是常冰年和偏重年，并且极端重冰情（结冰范围>125，70<最大冰厚<100）这种小概率事件发生的概率也达到了 3.1%，相当于 30 年一遇。

### 8.3.3 重现期分析

据统计，1950～2014 年，辽东湾共发生 44 次海冰灾害，平均 1.477 年发生一次海冰灾害，因此 $E(L)$ 为 1.477，根据式（3-41）、式（3-44）计算得出基于 $X$ 和 $Y$ 的单变量重现期和联合重现期，如图 8-4 所示。

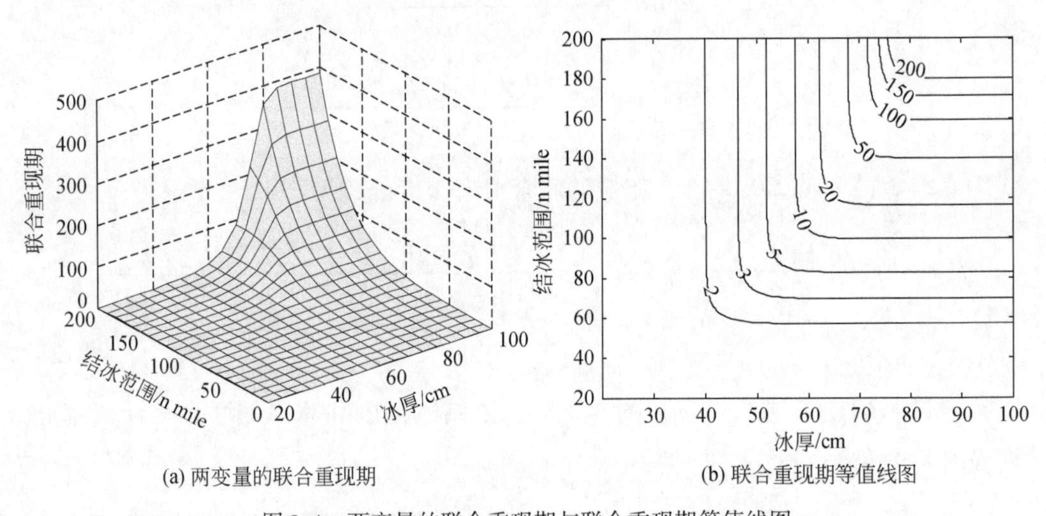


(a) 两变量的联合重现期　　(b) 联合重现期等值线图

图 8-4　两变量的联合重现期与联合重现期等值线图

由表 8-6 可以看出，在两变量相同的情况下，联合重现期比单变量重现期偏小，其中基于变量 $X$（结冰范围）计算的单变量重现期与联合重现期相差较小，基于变量 $Y$（最大冰厚）的单变量重现期与联合重现期相差较大，随着变量 $Y$ 逐渐变大，两者的差别越来越显著。由于单变量重现期仅考虑了一个因素的累计概率，而联合重现期中的累计概率表示的是 $X \leqslant x$ 或者 $Y \leqslant y$ 发生的累计概率，在考虑一个因素的同时也兼顾了另外一个因素，因此联合重现期要小于单变量重现期的值。

表 8-6　基于单变量的重现期和相应的联合重现期

| 冰情等级 | 指标 | | 联合重现期 | 单变量重现期 | |
|---|---|---|---|---|---|
| | 结冰范围/n mile | 最大冰厚/cm | | 结冰范围 $X$ | 最大冰厚 $Y$ |
| 1（轻冰年） | <35 | 30 | 1.48 | 1.49 | 1.54 |
| 2（偏轻年） | 35～65 | 45 | 2.31 | 2.61 | 2.91 |
| 3（常冰年） | 65～90 | 60 | 6.77 | 6.99 | 16.61 |
| 4（偏重年） | 90～125 | 70 | 28.54 | 29.15 | 90.99 |
| 5（重冰年） | >125 | 100 | 30.31 | 30.31 | 87 541.27 |

据统计，在 1950～2014 年辽东湾的 44 个海冰灾害事件中，1957 年和 1969 年达到了重冰年的级别，经济损失极为严重。据《中国海洋灾害四十年资料汇编》描述，1957 年整个渤海冰情严重，舰船无法航行。1969 年“海二井”（重 550t）生活平台、设施平台和钻井平台被海冰推倒，“海一井”（重 500t）平台支座拉筋被海冰割断，冰封期间，通往渤海的所有舰船受阻，海上交通运输处于瘫痪状态。这两个年度的海冰灾害均对我国的经济造成了较大影响。基于 65 年的时间长度来看，重冰年的实际重现期约为 32.5 年一遇。基于结冰范围的单变量重现期和联合重现期则为 30.31 年，与实际情况较接近。基于最大冰厚的单变量重现期为 87 541.27 年，这与实际情况相差甚远。可见，与结冰范围相比，最大冰厚的取值对于海冰灾害风险的影响更大。

## 8.4　结论与讨论

海冰灾害属于缓发型灾害，具有持续时间长、影响范围广、波及领域多、救援耗费大等特点。

目前，海冰灾害的风险管理已经逐步由单纯的观测预报和灾害危机管理向积极主动的灾前风险防范转变。本章引入 Copulas 函数，对辽东湾地区 65 年间（1950～2014 年）海冰灾害的两个特征变量建立了联合分布，分析了不同冰情等级的联合重现期。结果表明：

（1）本章对 Frank Copula 函数的检验表明，该方法能够更好地描述海冰两个基本特征变量的联合分布。

（2）对于辽东湾地区的海冰灾害来说，结冰范围和最大冰厚两变量间存在显著性正相关，Kendall 秩相关系数 $\tau=0.599$。两变量的边缘分布属于不同的类型，其中结冰范围为对数正态分布，最大冰厚为极值分布Ⅰ型。

(3) 通过对比历史上达到重冰年的海冰灾害重现期发现，基于单变量的重现期要比联合重现期偏大，特别是基于最大冰厚的单变量重现期要偏大更多。其中基于结冰范围的单变量重现期和联合重现期更加接近实际。基于Copulas函数构建的联合分布，描述海冰灾害两个主要特征变量之间的相关性结构和联合概率，在给定一个重现期水平时，可以快捷地计算相应的两个特征变量值，反之亦然；并且可以方便地计算基于不同情况下的条件重现期。这些信息对于防灾减灾政策的制定和工程的设计具有很大的参考价值。

同时，该项研究通过多维非线性联合概率理论，更加准确反映了多要素在不同组合、不同相关结构下的危险性特征，在海洋灾害风险评估研究中怎么实现多维度和定量化这些关键问题的解决上起到了有效的推动作用。相关成果对防灾减灾政策的制定和大型工程类承灾体灾害设防标准的构建具有很大的参考价值，为加强灾害机理研究中多维分析方法作出贡献，也为这种新方法在海洋灾害风险分析中进行更深一步地延伸奠定了基础。

# 9 总结与展望

## 9.1 主要研究成果总结

随着近年来自然灾害发生频率和强度的增加，所造成的影响也在不断扩大，更加准确地进行灾害事件的概率和风险分析，及早采取相应的对策，能够在一定程度上减缓、延迟或避免这种影响和损失。自然灾害影响机制、发生规律和特征的更加复杂化和多样化，也使自然灾害风险分析和评价需要考虑的变量增多。例如，由原来的单一灾种演变为多个灾种并发的灾害链，其影响因素、特征和相关结构更加复杂。本书以沙尘暴灾害、洪水灾害和海冰灾害为例，对其发生发展的机理和 Copula 函数在沙尘暴灾害联合概率分布和联合重现期上的应用做了探讨，得出以下几方面的结论：

（1）针对自然灾害风险研究中多维分析的需要和传统研究方法的不足，系统介绍了金融领域中应用成熟的 Copula 函数理论和方法，全面概述了 Copula 函数构建步骤、参数估计和拟合优度检验。其中，重点介绍了 Archimedean Copula 函数，指出 Copula 函数理论的优势和目前自然灾害风险研究的需求非常吻合，建议采用 Copula 函数描述灾害变量间的非对称非线性相关结构。

（2）对于几种常用的单参数 Archimedean Copula 函数、Gumbel Copula 函数和 Clayton Copula 函数只能描述变量间的非负相关关系，而 Frank Copula 函数和 AMH Copula 函数既可以描述变量间的正相关性，也可以描述负相关关系，只是 AMH Copula 函数不适用于非常高的正相关或负相关关系。针对沙尘暴灾害的案例研究表明，考虑多个致灾因子，进行多维联合分析的结果优于传统的考虑单个变量的分析结果。

（3）运用 Copula 函数法对沙尘暴两个主要致灾因子进行了联合概率分布的分析，并和传统的多变量回归方法进行了比较。针对沙尘暴灾害而言，考虑多个致灾因子、进行多维联合分析的结果优于传统的单变量分析。对于致灾因子间存在较低负相关的情况，Frank Copula 函数模型的拟合程度最好。虽然综合来看，Frank Copula 函数模型拟合值和观测值的相关系数比传统回归模型仅提高了 0.0588。但从局部来看，基于两变量的线性回归方程得出的沙尘暴持续时间发生概率的理论值有中低值偏低，而高值偏高的现象，而 Frank Copula 函数模型对中低值部分和极端高值部分的拟合优度要好很多。针对自然灾害，对上尾部和下尾部的数据（也就是分布两端的极值）拟合精度提高的意义更大。因此，用 Copula 模型构建二维联合分布进行自然灾害的概率分析具有非常大的应用价值。

（4）基于沙尘暴的发生机理，从 500 hPa 高空环流系统、近地面气象系统和下垫面状况三个不同层面选取指标进行主要致灾因子的选取和成灾机理的分析。由于 500 hPa 高空的经向环流指数、近地面最大风速和地表土壤湿度三个不同层面的致灾因子间既存在正相关关系，也存在负相关关系，针对这种相关结构，常用的单参数三维 Archimedean Copula 函数中，只有 Frank Copula 函数符合构建条件。对于强沙尘暴事件，二维 Frank Copula 联接函数在致灾要素分布的下尾部分拟合较好。在中尾和上尾部分，三维 Frank Copula 的拟合效果有明显提高。对于强沙尘暴灾害，当重现期小于 10 年时，三维重现期与不同组合情况下的二维重现期差别不大；但当重现期大于 10 年时，二维重现期的计算结果明显偏大，三维重现期要更加接近实际。重现期评估结果偏大会导致灾害发生的频次的低估，容易降低人们和政府对灾害的重视程度，减弱防灾减灾工作力度，不利于沙尘暴的长期防治。

（5）以湖南省桃源县沅水为研究对象，引入 Archimedean Copula 函数，建立了区间暴雨和外江洪水位二维联合概率分布，由此可以计算当地洪涝灾害发生的联合重现期和风险大小。根据对洪涝灾害相应损失的统计得出，当两变量遭遇在一起的时候，发生洪涝灾害的概率非常大，特别是高级别洪涝灾害。对于小的灾害，重现期计算的时候可以只考虑一个主要因素，但是对于经常发生中灾及以上的地区和河段，也可以表述为年最大降雨量日和年最高水位日遭遇概率较大的地区，就需要考虑两个或多个因素来计算重现期，灾害等级越大，损失越大，防灾减灾需要的重现期就更加精确。

（6）海冰灾害的风险管理已经逐步由单纯的观测预报和灾害危机管理向积极主动的灾前风险防范转变。第 8 章引入 Copulas 函数，对辽东湾地区 65 年间

（1950～2014年）海冰灾害的两个特征变量建立了联合分布，分析了不同冰情等级的联合重现期。研究结果表明，Copula函数法能够更好地描述海冰两个基本特征变量的联合分布。通过对比历史上达到重冰年的海冰灾害重现期发现，基于单变量的重现期要比联合重现期偏大，特别是基于最大冰厚的单变量重现期要偏大更多。其中基于结冰范围的单变量重现期和联合重现期更加接近实际。基于Copulas函数构建的联合分布，描述了海冰灾害两个主要特征变量之间的相关性结构和联合概率，在给定一个重现期水平时，可以快捷地计算相应的两个特征变量值，反之亦然；并且可以方便地计算基于不同情况下的条件重现期。这些信息对于防灾减灾政策的制定和工程的设计具有很大的参考价值。

以上研究结果表明，Copula函数能够很好地描述沙尘暴灾害致灾因子和特征变量的联合分布，得出的重现期对当地防灾减灾策略的制定和风险管理水平的提高具有很大的参考价值。更加准确地进行重大灾害事件的概率分析，及早采取相应的对策，能够在一定程度上减缓、延迟或是避免这种影响和损失。自然灾害影响机制、发生规律和特征的更加复杂化、多样化，也使自然灾害风险分析和评价需要考虑的变量增多。例如，由原来的单一灾种演变为多个灾种并发的灾害链，其影响因素、特征和相关结构会更加复杂。本书补充了传统的风险分析方法在全面表现灾害机理上的缺陷，从理论上为加强灾害机理研究中多变量的方法论作出贡献，也为沙尘暴灾害风险评估提供了一种新思路。对沙尘暴灾害、洪水灾害和海冰灾害多维分析方法的探讨也为在自然灾害风险研究中更深一步的应用和延伸奠定基础。

## 9.2 讨论与展望

近些年来，Copula理论正得到越来越多的关注。目前，关于Copula函数的应用程序也在逐步开发过程中，并开始被纳入统计分析软件中。多维的灾害风险分析计算也显示出越来越重要的作用，通过Copula理论，我们得到一种较为简单、准确、易行的方法来处理相对复杂的自然灾害问题。经过近十年在灾害领域的应用，其也逐渐显示出不可代替的优越性和适用性。然而，由于时间和水平有限，本书中难免存在不足之处和有待进一步完善的地方。基于作者研究团队的思考，现将今后仍需要进一步研究的问题概括如下。

（1）Copula 函数能够弥补传统多维分析方法的不足，但是本身也存在一些问题需要改进。目前，二维 Copula 函数的参数估计多采用相关性指标法，但是此方法仅适用于单参数 Archimedean Copula 函数，因为这类 Copula 函数的参数 $\theta$ 与 Kendall 的秩相关系数 $\tau$ 之间的关系能够用明确的关系式表示。但是针对参数 $\theta$ 与 Kendall 秩相关系数 $\tau$ 之间的关系式尚不明确的其他类型的 Copula 函数，这种方法无法适用。因此，对于其他类型的 Copula 函数，常用的方法是极大似然法、对数似然法和分步估计法（IFM），其中极大似然估计的计算比较麻烦，有时还可能不收敛。IFM 法参数维数增加时，边际推断法也就失效了。对于可以进行多参数估计的伪极大似然法、不须要知道边缘分布的 CML 法和非参数估计法的探讨还比较少。

（2）在现实生活中，更实用的是二维的 Copula 函数模型，但是更加需要的是三维及以上的多维 Copula 函数模型和动态 Copula 函数模型。目前构建比较简单、可以实际应用的多维 Copula 函数主要有 Archimedean 函数族的几种单参数 Copula 函数，它们多适用于构建存在正相关关系的多个变量的相关结构。由此可见，我们选择的余地仍然非常有限，建议拓展新的 Copula 函数族，以适应日趋复杂的自然灾害新特征。多元 Copula 函数的构造方法及相伴而来的多参数估计和检验方法的发展和完善等问题都等待解决。另外，目前对动态 Copula 模型的研究非常少，还有很多问题需要完善或进一步的深入研究，如多维 Copula 函数模型的诊断和检验、多维动态 Copula 函数模型的构建和相应的参数估计、拟合优度检验等。

（3）在边缘分布确定的方法上，目前常用的是参数估计法。该方法需要根据目测和直方图，首先假定分布模型形式，有一定的主观性。如果样本量不是很大，没有特别极端值的现象时，这种方法拟合的效果比较好。但当样本量很大，又有极端值出现时，此种方法对极端值描述效果不是很好。此时就需要用目前国际上比较新颖的非参数估计法。此种方法具有分布形式自由、受样本观测错误影响较小、极端值拟合较好、对分布函数形式假设要求较宽松等特点。因此，关于非参数方法在 Copula 函数模型构建中的应用还需要进一步的探索。

（4）目前 Copula 函数在自然灾害风险领域的应用还主要集中在频率分析、风险计算和随机模拟等方面。建议进一步加强其在自然灾害风险更广领域的应用研究，如灾害事件不确定性、空间分析、灾害链等中的应用。

（5）在结合联合重现期进行风险分析时，对两种重现期结果与实际情况比较时，由于灾害的损失数据比较难获取，特别是重大灾害事件的样本量较小，年限比较短，需要突破样本容量的限制。下一步应结合考虑信息不完备和小样本问题，还可与贝叶斯理论、马尔可夫链等相结合，对分析变量时间序列方面展开分析。

在本书的构思、采集数据、分析和写作的过程中，作者深刻地感受到，寻找、发现、了解、学习使用并发展新思路、新方法、新技术是我们认知事物发生发展变化规律的重要源泉。只有了解了自然灾害的发生发展和变化规律，才能为有效地规避灾害风险提供可能性。因此，只有不断地发现新方法，寻找与自然灾害发生机理的结合点，才能开拓新思路，使我们对概率、风险等问题有更加深入的认识和完善。Copula 函数具备扩展到三维甚至更多维的能力，其在自然灾害多变量分析研究中具有非常大的应用前景（Zhang and Singh，2007；Wong et al.，2010），只是现在这方面的探索比较少。Copula 理论和方法为自然灾害风险分析和管理提供了更多有效可行的新途径，随着 Copula 理论自身的不断发展和完善，其在概率、风险方面的应用前景应该更为广阔。

## 参考文献

白丽，夏乐天，魏玉华. 2008. 加权核密度估计在洪水频率分析中的应用. 水文，28（5）：36-40.

柏晶瑜，施小英，于淑秋. 2003. 西北地区东部春季土壤水分变化的初步研究. 气象科技，31（4）：226-230.

陈璐 . 2013. Copula 函数理论在多变量水文分析计算中的应用研究 . 武汉：武汉大学出版社.

陈香. 2007. 福建省暴雨洪涝灾害风险评估与管理. 水土保持研究，14（4）：180-185.

崔妍，江志红，陈威霖 . 2010. 典型相关分析方法对 21 世纪江淮流域极端降水的预估试验 . 气候变化研究进展，6（6）：405-410.

戴昌军. 2005. 多维联合分布计算理论在南水北调东线丰枯遭遇分析中的应用研究. 南京：河海大学硕士学位论文.

戴昌军，梁忠民. 2006. 多维联合分布计算方法及其在水文中的应用. 水利学报，37（2）：160-165.

丁德文. 1999. 工程海冰学概论. 北京：海洋出版社.

丁士晟. 1981. 多元分析方法及其应用. 长春：吉林人民出版社.

丁燕，史培军. 2002 . 台风灾害的模糊风险评估模型. 自然灾害学报，11（1）：34-43.

董安祥，白虎志. 2003. 河西走廊强和特强沙尘暴变化趋势的初究. 高原气象，22（4）：422-425.

董光荣，李长治，金炯，等. 1987. 关于土壤风蚀模拟实验的某些结果. 科学通报，32（4）：297-301.

董治宝，陈渭南，李振山，等. 1996a. 植被对土壤风蚀影响作用的实验研究. 水土保持学报，（2）：1-8.

董治宝，陈渭南，李振山，等. 1996b. 风沙土水分抗风蚀性研究. 水土保持通报，16（2）：33-40.

杜鹃，何飞，史培军. 2006. 湘江流域洪水灾害综合风险评价. 自然灾害学报，15（6）：38-44.

范一大. 2003. 沙尘灾害遥感监测模式及其形成机制研究——以中国北方沙尘暴灾害形成过程为例. 北京：北京师范大学博士学位论文.

范一大，史培军，周涛，等. 2007. 中国北方沙尘灾害影响因子分析. 地球科学进展，22（4）：350-356.

方宗义，朱福康，江吉喜，等. 1997. 中国沙尘暴研究. 北京：气象出版社.

费永法. 1989. 一种计算洪水条件概率的方法. 水文，（1）：18-22.

费永法. 1995. 多元随机变量的条件概率计算方法及其在水文中的应用. 水利学报，（8）：60-66.

顾卫，蔡雪鹏，谢峰，等. 2002. 植被覆盖与沙尘暴日数分布关系的探讨——以内蒙古中西部地区为例. 地球科学进展，17（2）：273-277.

郭生练，闫宝伟，肖义，等. 2008. Copula 函数在多变量水文分析计算中的应用及研究进展. 水文，28（3）：1-7.

郭生练，叶守泽. 1991. 洪水频率的非参数估计. 水电能源科学，(4)：324-332.

海春兴，刘宝元，赵烨. 2002. 土壤湿度和植被覆盖度对土壤风蚀的影响. 应用生态学报，13（8）：1057-1058.

郝璐，李彰俊，郭瑞清. 2006. 冬春季积雪与沙尘天气发生日数关系的探讨——以内蒙古中部地区为例. 中国沙漠，26（5）：797-801.

胡金明，崔海亭，唐志尧. 1999. 中国沙尘暴时空特征及人类活动对其发展趋势的影响. 自然灾害学报，8（4）：49-56.

胡孟春，刘玉璋，乌兰，等. 1991. 科尔沁沙地土壤风蚀的风洞实验研究. 中国沙漠，11（1）：22-29.

胡隐樵，光田宁. 1997. 强沙尘暴微气象特征和局地触发机制. 大气科学，(5)：581-589.

黄崇福. 2001. 自然灾害风险分析. 北京：北京师范大学出版社.

黄崇福. 2006. 自然灾害风险评价——理论与实践. 北京：科学出版社.

黄崇福. 2011. 风险分析基本方法探讨. 自然灾害学报，20（5）：1-10.

黄崇福. 2012. 自然灾害风险分析与管理. 北京：科学出版社.

黄崇福，王家鼎. 1995. 模糊信息优化处理技术及其应用. 北京：北京航空航天大学出版社.

黄浩辉，宋丽莉，植石群，等. 2007. 广东省风速极值型分布参数估计方法的比较. 气象，33（3）：101-106.

黄诗峰. 1999. 洪水灾害风险分析的理论与方法研究. 北京：中国科学院地理研究所博士学位论文.

蒋维. 1992. 中国城市综合减灾对策. 北京：中国建筑工业出版社.

康玲，侯婷，孙鑫，等. 2009. 内蒙古地区沙尘暴个例谱//李彰俊. 沙尘暴形成及下垫面对其影响研究. 北京：气象出版社.

李宁，杜子漩，刘忠阳，等. 2006. 沙尘暴发生过程中的风速和土壤湿度变化. 自然灾害学报，15（6）：28-32.

李宁，杜子漩，许映军，等. 2007. 土壤湿度与风速对沙尘暴发生的贡献程度分析. 自然灾害学报，16（4）：1-5.

李宁，顾卫，史培军，等. 2005. 沙尘暴评估中土壤含水量概率分布模型研究——以内蒙古中西部地区为例. 自然灾害学报，14（2）：10-15.

李宁，顾卫，谢锋，等. 2004. 土壤含水量对沙尘暴的阈值反应——以内蒙古中西部地区为例. 自然灾害学报，13（1）：44-49.

李彦恒，史保平，张健. 2008. 联结（Copula）函数在概率地震危险性分析中的应用. 地震学报，30（3）：292-301.

李彰俊，郝璐，李兴华. 2008. 积雪覆盖度对沙尘暴的影响分析. 中国沙漠，28（2）：338-343.

李彰俊，姜学恭，程丛兰. 2007. 内蒙古中西部沙源地影响沙尘暴扩展过程的数值模拟研究. 中国沙漠，27（5）：851-858.

李彰俊，李宁，顾卫，等. 2005. 内蒙古中西部地区土壤水分对沙尘暴的贡献. 地球科学进展，20（1）：24-28.

梁忠民，戴昌军. 2005. 水文分析计算中两种正态变换方法的比较研究. 水电能源科学，23（2）：1-3.

刘景涛，郑明倩. 1998. 华北北部黑风暴的气候学特征. 气象，24（2）：39-44.

刘兰芳，彭蝶飞，邹君. 2006. 湖南省农业洪涝灾害易损性分析与评价. 资源科学，28（6）：60-67.

刘连友，王建华，李小雁，等. 1998. 耕作土壤可蚀性颗粒的风洞模拟测定. 科学通报，（15）：1663-1666.

刘文方，肖盛燮，隋严春，等. 2006. 自然灾害链及其断链减灾模式分析. 岩石力学与工程学报，25（1）：275-281.

刘雪琴，李宁，温玉婷，等. 2009. 内蒙古中西部土壤水分统计插值模型实验. 气象科学，29（6）：740-747.

刘耀龙. 2011. 多尺度自然灾害情景风险评估与区划——以浙江省温州市为例. 上海：华东师范大学博士学位论文.

卢琦，杨有林. 2001. 全球沙尘暴警示录. 北京：中国环境科学出版社.

陆桂华，闫桂霞，吴志勇，等. 2010. 基于 Copula 函数的区域干旱分析方法. 水科学进展，21（2）：188-193.

罗亚丽. 2012. 极端天气和气候事件的变化. 气候变化研究进展，8（2）：90-98.

马明卫，宋松柏. 2010. 椭圆型 Copulas 函数在西安站干旱特种分析中的应用. 水文，30（4）：36-42.

茆诗松. 2003. 统计手册. 北京：科学出版社.

内蒙古自治区统计局. 1990. 内蒙古统计年鉴. 北京：中国统计出版社.

内蒙古自治区统计局. 1991. 内蒙古统计年鉴. 北京：中国统计出版社.

内蒙古自治区统计局. 1992. 内蒙古统计年鉴. 北京：中国统计出版社.

内蒙古自治区统计局. 1993. 内蒙古统计年鉴. 北京：中国统计出版社.

内蒙古自治区统计局. 1994. 内蒙古统计年鉴. 北京：中国统计出版社.

内蒙古自治区统计局. 1995. 内蒙古统计年鉴. 北京：中国统计出版社.

内蒙古自治区统计局. 1996. 内蒙古统计年鉴. 北京：中国统计出版社.

内蒙古自治区统计局. 1997. 内蒙古统计年鉴. 北京：中国统计出版社.
内蒙古自治区统计局. 1998. 内蒙古统计年鉴. 北京：中国统计出版社.
内蒙古自治区统计局. 1999. 内蒙古统计年鉴. 北京：中国统计出版社.
内蒙古自治区统计局. 2000. 内蒙古统计年鉴. 北京：中国统计出版社.
内蒙古自治区统计局. 2001. 内蒙古统计年鉴. 北京：中国统计出版社.
内蒙古自治区统计局. 2002. 内蒙古统计年鉴. 北京：中国统计出版社.
内蒙古自治区统计局. 2003. 内蒙古统计年鉴. 北京：中国统计出版社.
内蒙古自治区统计局. 2004. 内蒙古统计年鉴. 北京：中国统计出版社.
内蒙古自治区统计局. 2005. 内蒙古统计年鉴. 北京：中国统计出版社.
内蒙古自治区统计局. 2006. 内蒙古统计年鉴. 北京：中国统计出版社.
内蒙古自治区统计局. 2007. 内蒙古统计年鉴. 北京：中国统计出版社.
内蒙古自治区统计局. 2008. 内蒙古统计年鉴. 北京：中国统计出版社.
内蒙古自治区统计局. 2009. 内蒙古统计年鉴. 北京：中国统计出版社.
内蒙古自治区统计局. 2010. 内蒙古统计年鉴. 北京：中国统计出版社.
内蒙古自治区统计局. 2011. 内蒙古统计年鉴. 北京：中国统计出版社.
内蒙古自治区统计局. 2012. 内蒙古统计年鉴. 北京：中国统计出版社.
牛海燕，刘敏，陆敏，等. 2011. 中国沿海地区台风致灾因子危险性评估. 华东师范大学学报（自然科学版），6：20-25.
庞文保，白光弼，滕跃，等. 2009. P-Ⅲ型和极值Ⅰ型分布曲线在最大风速计算中的应用. 气象科技，37（2）：221-223.
钱正安，贺慧霞，瞿章，等. 1997. 我国西北地区沙尘暴的分级标准和个例谱及其统计特征//方宗义，朱福康，江吉喜，等. 中国沙尘暴研究. 北京：气象出版社.
钱正安，宋敏红，李万元. 2002. 近年来中国北方沙尘暴的分布及变化趋势分析. 中国沙漠，22（2）：243-250.
乔建平，石莉莉，王萌. 2008. 基于贡献权重叠加法的滑坡风险区划. 地质通报，27（11）：1787-1794.
秦大河，罗勇，陈振林，等. 2007. 气候变化科学的最新进展：IPCC 第四次评估综合报告解析. 气候变化研究进展，3（6）：311-314.
邱新法，曾燕，缪启龙. 2001. 我国沙尘暴的时空分布规律及其源地和移动路径. 地理学报，56（3）：316-322.
屈建军，郑本兴，俞祁浩，等. 2004. 罗布泊东阿奇克谷地雅丹地貌与库姆塔格沙漠形成的关系. 中国沙漠，24（3）：294-300.
全林生，时少英，朱亚芬，等. 2001. 中国沙尘天气变化的时空特征及其气候原因. 地理学报，56（4）：477-485.

任国玉，冯国林，严中伟 . 2010. 中国极端气候变化观测研究回顾与展望 . 气候与环境研究，15（4）：337-353.

任振球 . 2003. 突发性特大自然灾害预测研究的新途径、新方法 . 地学前缘，10（2）：317-319.

沈建国. 2008. 中国气象灾害大典：内蒙古卷. 北京：气象出版社.

史培军. 1996. 再论灾害研究的理论与实践. 自然灾害学报，5（4）：6-17.

史培军 . 2011. 综合灾害风险管理与巨灾风险防范对策 . 北京：中国保险监督管理委员会讲座材料.

史培军，李宁，叶谦，等 . 2009. 全球环境变化与综合灾害风险防范研究 . 地球科学进展，24（4）：428-435.

史培军，严平，高尚玉，等. 2000. 我国沙尘暴灾害及其研究进展与展望. 自然灾害学报，9（4）：71-77.

史培军，严平，袁艺. 2001. 中国北方风沙活动的驱动力分析. 第四纪研究，21（1）：41-47.

司康平，田原，汪大明，等. 2008. 滑坡灾害危险性评价的 3 种统计方法比较——以深圳市为例. 北京大学学报（自然科学版），(4)：19-26.

宋松柏 . 2012. Copulas 函数及其在水文中的应用 . 北京：科学出版社.

孙劭，史培军. 2012. 渤海和黄海北部地区海冰灾害风险评估. 自然灾害学报，21（4）：8-13.

孙劭，苏洁，史培军. 2011. 2010 年渤海海冰灾害特征分析. 自然灾害学报，20（6）：87-93.

陶诗言. 1959. 十年来我国对东亚寒潮的研究. 气象学报，30（3）：226-230.

王积全，李维德，祝忠明. 2008. 西北地区东部群发性强沙尘暴风险分析. 干旱区资源与环境，22（4）：118-121.

王静爱，史培军，王平，等. 2006. 中国自然灾害时空格局. 北京：科学出版社.

王静爱，徐伟，史培军，等. 2001. 2000 年中国风沙灾害的时空格局与危险性评价. 自然灾害学报，10（4）：1-7.

王丽芳 . 2012. 分布估计算法 . 北京：机械工业出版社.

王沁，黄雁勇，汤家法，等. 2010. 基于 Copula 模型的降雨量与土壤饱和度的模拟研究. 灾害学，25（3）：20-25.

王式功，周自江，尚可政，等. 2010. 沙尘暴灾害. 北京：气象出版社.

王顺义，罗祖德 . 1992. 混沌理论：人类认识自然灾害的工具之一 . 自然灾害学报，1（2）：3-16.

王涛，陈广庭，钱正安，等. 2001. 中国北方沙尘暴现状及对策. 中国沙漠，21（4）：322-327.

王威，田杰，苏经宇，等. 2010. 基于贝叶斯随机评价方法的小城镇灾害易损性分析. 防灾减灾工程学报，30（5）：524-527.

王文圣，丁晶. 2003. 基于核估计的多变量非参数随机模型初步研究. 水利学报，2：9-14.

韦艳华. 2004. Copula 理论及其在多变量金融时间序列分析上的应用研究. 天津：天津大学博士学

位论文.
韦艳华，张世英. 2008. Copula 理论及其在金融分析上的应用. 北京：清华大学出版社.
韦艳华，张世英，孟利锋. 2003. Copula 理论在金融上的应用. 西北农林科技大学学报（社会科学版），3（5）：97-101.
魏一鸣. 1998. 自然灾害复杂性研究. 地理科学，18（1）：25-31.
魏一鸣，范英，金菊良. 2001. 洪水灾害风险分析的系统理论. 管理科学学报，4（2）：7-11.
吴绍宏，潘韬，贺山峰. 2011. 气候变化风险研究的初步探讨. 气候变化研究进展，7（5）：363-368.
肖义. 2007. 基于 Copula 函数的多变量水文分析计算研究. 武汉：武汉大学博士学位论文.
谢华. 2014. 水灾害防治中的多变量概率问题. 北京：水利水电出版社.
邢鹏. 2004. 中国种植业生产风险与政策性农业保险研究. 南京：南京农业大学博士学位论文.
闫宝伟，郭生练，肖义. 2007. 南水北调中线水源区与受水区降水丰枯遭遇研究. 水利学报，38（10）：1178-1185.
严春银，吴高学，朱建章. 2007. 区域雷灾易损性及其区划的实证分析. 气象与环境学报，23（1）：17-21.
杨根生，拓万全. 2002. 关于宁蒙陕农牧交错带重点地区沙尘暴灾害及防治对策. 中国沙漠，22（5）：452-465.
杨华庭，田素珍，叶琳，等. 1993. 中国海洋灾害四十年资料汇编. 北京：海洋出版社.
姚莉，赵声蓉，赵翠光，等. 2010. 我国中东部逐时雨强时空分布及重现期的估算. 地理学报，65（3）：293-300.
移小勇，赵哈林，赵学勇，等. 2006. 不同风沙土含水量因子的抗风蚀性. 土壤学报，43（4）：684-687.
尹晓慧，王式功. 2007. 我国北方沙尘暴与强沙尘暴过程的分形特征及趋势预测. 中国沙漠，27（1）：130-136.
于庆东. 1997. 自然灾害综合灾情分级模型及应用. 灾害学，12（3）：12-17.
于庆东，沈荣芳. 1995. 自然灾害绝对灾情分级模型及应用. 系统工程理论方法应用，4（3）：47-52.
袁超. 2008. 渭河流域主要河流水文干旱特性研究. 杨凌：西北农林科技大学硕士学位论文.
张冲，赵景波. 2008. 我国西北近 50 年春季沙尘暴活动的变化与气候因子相关性研究. 干旱区资源与环境，22（8）：129-132.
张广兴，李霞. 2003. 沙尘暴观测及分级标准研究现状. 中国沙漠，23（5）：586-591.
张会刚. 2005. 西南山区水电站建设用地地质灾害危险性评估方法研究——以大岗山水电站为例. 成都：成都理工大学硕士学位论文.
张继权，李宁. 2007. 主要气象灾害风险评价与管理的数量化方法及其应用. 北京：北京师范大学出版社.

张俊香，李平日，黄光庆，等. 2007. 基于信息扩散理论的中国沿海特大台风暴潮灾害风险分析. 热带地理，27（1）：11-14.

张强，杨贤为，张永山，等. 2003. 京沪沿线强降水频率及大风频率分布特征. 气象科技，31（1）：45-49.

张钛仁. 1997. 西北地区“黑风”成因及预报方法探讨//方宗义，朱福康，江吉喜，等. 中国沙尘暴研究. 北京：气象出版社.

张钛仁. 2008. 中国北方沙尘暴灾害形成机理与荒漠化防治研究. 兰州：兰州大学博士学位论文.

张尧庭. 2002. 连接函数（Copula）技术与金融风险分析. 统计研究，（4）：48-51.

张雨，宋松柏. 2010. Copula 函数在多变量干旱联合分布中的应用. 灌溉排水学报，29（3）：64-68.

赵阿兴，马宗晋. 1993. 自然灾害损失评估指标体系研究. 自然灾害学报，2（3）：1-7.

赵景波，杜娟，黄春长. 2002. 沙尘暴发生的条件和影响因素. 干旱区研究，19（1）：58-62.

赵领娣. 2004. 风暴潮灾害损失补偿与我国再保险市场的完善. 中国海洋大学学报，（2）：27-35.

中国气象局. 2000. 沙尘天气年鉴. 北京：气象出版社.

中国气象局. 2001. 沙尘天气年鉴. 北京：气象出版社.

中国气象局. 2002. 沙尘天气年鉴. 北京：气象出版社.

中国气象局. 2003. 沙尘天气年鉴. 北京：气象出版社.

中国气象局. 2004. 沙尘天气年鉴. 北京：气象出版社.

中国气象局. 2005. 沙尘天气年鉴. 北京：气象出版社.

中国气象局. 2006. 沙尘天气年鉴. 北京：气象出版社.

中国气象局. 2007. 沙尘天气年鉴. 北京：气象出版社.

中国气象局. 2008. 沙尘天气年鉴. 北京：气象出版社.

中国气象局. 2009. 沙尘天气年鉴. 北京：气象出版社.

中国气象局. 2010. 沙尘天气年鉴. 北京：气象出版社.

中国气象局. 2011. 沙尘天气年鉴. 北京：气象出版社.

中国气象局. 2012. 沙尘天气年鉴. 北京：气象出版社.

周道成，段忠东. 2003. 耿贝尔逻辑模型在极值风速和有效波高联合概率分布中的应用. 海洋工程，21（2）：45-51.

周秀骥，徐祥德，颜鹏，等. 2002. 2000 年春季沙尘暴动力学特征. 中国科学（D 辑），32（4）：327-334.

Bagnold R A. 1941. The Physics of Blown Sand and Desert Dunes. New York：William Morrow and Co.

Barry K，Goodwin，Olivier M. 2004. Risk Modeling Concepts Relating to the Design and Rating of Agricultural Insurance Contracts. World Bank Policy Research Working Paper，3392.

Bastian K, Markus P, Yeshewatesfa H, et al. 2010. Probability analysis of hydrological loads for the design of Flood Control Systems Using Copulas. Journal of Hydrologic Engineering, 15 (5): 360-369.

Bouyé E, Durrleman V, Nikeghbali A, et al. 2000. Copulas For Finance: A Reading Guide and Some Applications. Working Paper of Financial Econometrics Research Centre. London: City University Business School.

Boyer B H, Gibson M S, Loretan M. 2000. Pitfalls in tests for changes in correlations. http: //federalreserve. gov/pubs/ifdp/1997/597/ifdp597. pdf [2000-3-12] .

Castellanos E A, van Westen C J. 2007. Generation of a landslide risk index map for Cuba using spatial multi-criteria evaluation. Landslides, 4: 311-325.

Chang J T, Wetzel R J. 1991. Effects of spatial variations of soil moisture and vegetation on the evolution of a prestorm environment: A numerical case study. Monthly Weather Review, 119: 1368-1390.

Chepil W S. 1953. Factors that influerce clod strueture and erodibilicty of soil by wind: Ⅲ. calcium carbonate and decomposed organic material. Soil Science, 77: 473-480.

Cherubini U, Luciano E, Vecchiato W. 2004. Copula Methods in Finance. London: John Wiley& Sons Ltd.

de Michele C , Salvadori G, Canossi M, et al. 2005. Bivariate statistical approach to check adequacy of dam spillway. Journal of Hydrologic Engineering, 10: 50-57.

Diebold F X, Gunther T, Tay A S. 1998. Evaluating density forecasts with applications to financial risk management. International Economic Review, 39: 863-883.

Fast J D, Mccorcle M D. 1991. The effect of heterogeneous soil moisture on a summer baroclinic circulation in the central United States. Monthly Weather Review, 119 (6): 2140-2167.

Favre A C, Adlouni S E, Perrault L, et al. 2004. Multivariate hydrological frequency analysis using Copulas. Water resources research, 40 (1): 290-294.

Frans B, Julia H, David M G. 2006. Learning to adapt: Organizational adaptation to climate change impacts. Climatic Change, 78 (1): 135-156.

Frees E W, Valdez E A. 1998. Understanding relationships using copulas. North American actuarial journal, 2 (1): 1-25.

Gao T, Su L J, Ma Q X, et al. 2003. Climatic analyses on increasing dust storm frequency in the spring of 2000 and 2001 in Inner Mongolia. International Journal of Climatology, 23: 1743-1755.

Genest C. 1987. Frank's family of bivariate distributions. Biometrika, 74: 549-555.

Genest C, Mackay J. 1986. The joy of copulas: bivariate distributions with uniform marginals. American Statistician, 40: 280-283.

Genest C, Favre A C, Be'liveau J, et al. 2007. Metaelliptical copulas and their use in frequency analysis of multivariate hydrological data. Water Resources Research, 43 (9): 223-236.

Genest C, Re'millard B, Beaudoin D. 2009. Goodness-of-fit tests for copulas: A review and a power study. Insurance: Mathematics and Economics, 44 (2): 199-213.

Genest C, Rivest L P. 1993. Statistical inference procedures for bivariate archimedean copulas. Journal of the American Statistical Association, 88: 1034-1043.

Giacomo D P, Giampiero O, Roberto W R. 2005. New developments in seismic risk assessment in Italy. Bulletin of Earthquake Engineering, (3): 101-128.

Granger K. 2003. Quantifying storm tide risk in Cairns. Natural Hazards, 30: 165-185.

Grimaldi S, Serinaldi F. 2006. Asymmetric copula in multivariate flood frequency analysis. Advances in Water Resources, 29 (8): 1155-1167.

Gringorten I I. 1963. A plotting rule for extreme probability paper. Journal of Geophysical Research, 68 (3): 813-814.

Grunthal G, Thieken A H, Schwarz J. 2006. Comparative risk assessment for the city of Cologne-storms, foods, earthquakes. Natural Hazards, 38: 21-44.

Grzegorz R. 2008. The Rise of Extreme Typhoon Power and Duration over South East Asia Seas. Coastal Engineering Journal, 51 (3): 205-222.

Gutman G, Ignatov A. 1998. The derivation of the green vegetation fraction from NOAA/AVHRR data for use in numerical weather prediction models. International Journal of Remote Sensing, 19: 1533-1543.

Heiko A, Annegret H, Thieken B M. 2006. A probabilistic modeling system for assessing flood risks. Natural Hazards, 38: 79-100.

Joe H. 1997. Multivariate Models and Dependence Concepts. London: Chapman & Hall.

Joseph P V, Raipal D K, Deka S N. 1980. "Andhi", the convective dust storms of Northwest India. Mausam, 31: 431-442.

Kao S C, Govindaraju R S. 2008. Trivariate statistical analysis of extreme rainfall events via the Plackett family of copulas. Water Resources Research, 44 (2): 333-341.

Katsuichiro G, Jiandong R. 2010. Assessment of seismic loss dependence using copula. Risk Analysis, 30: 1076-1091.

Klugman S A, Parsa R. 1999. Fitting bivariate loss distributions with copulas. Insurance Mathematics and Economics, 24 (12): 139-148.

Kyriazis P, Maria A, Sotiris A. 2006. Earthquake risk assessment of lifelines. Bull Earthquake Engineer, (4): 365-390.

Li N, Gu W, Du Z X, et al. 2006. Observation on soil water content and wind speed in Erlianhot, a dust-source area in Northern China. Atmospheric Environment, (40): 5298-5303.

Liu D F, Li H J, Liu G L, et al. 2011. Design code calibration of offshore, coastal and hydraulic energy development infrastructures. International Journal of Energy and Environment, (5): 733-746.

Mcnaughton D L. 1987. Possible connection between anomalous antcyclones and sandstorms. Weather, 42 (1): 8-13.

Natsagdorj L, Jugder D, Chung Y S. 2003. Analysis of dust storms observed in Mongolia during 1937 ~ 1999. Atmospheric Environment, 37: 1401-1411.

Nelsen R B. 1998. An Introduction to Copulas. New York: Springer.

Orlovsky L, Orlovsky N, Durdyev A. 2005. Dust storms in Turkmenistan. Journal of Arid Environments, 60: 83-97.

Petak W J, Atkisson A A. 1982. Natural Hazard Risk Assessment and Public Policy: Anticipating the Unexpected. New York: Springer.

Pye K, Tsoar H. 1990. Aeolian Sand and Sand Dunes. Berlin: Springer.

Reed D W, Faulkner D, Robson A J, et al. 1999. Flood Estimation Handbook Volume. 3: Statistical Procedures for Flood Frequency Estimation. Wallingford UK: Institute of Hydrology.

Rosenbloom J S. 1972. A Case Study in Risk Management. New York: Meredith Corp.

Salvadori G, de Michele C, Kottegoda N T, et al. 2007. Extremes in Nature. Dordrecht: Springer.

Schwettzer B, Wolff E. 1981. On nonparametric measures of dependence for random variables. Annals of Statistics, 9: 879-885.

Shiau J T. 2003. Return period of bivariate distributed extreme hydrological events. Stochastic Environmental Research and Risk Assessment, 17 (1-2): 42-57.

Shiau J T. 2006. Fitting drought duration and severity with two-dimensional copulas. Water Resources Management, 20 (5): 795-815.

Shiau J T, Feng S, Nadarajah S. 2007. Assessment of hydrological droughts for the Yellow River, China, using copulas. Hydrological Processes, 21: 2157-2163.

Sklar A. 1959. Fonctions de repartition à n dimensions et leurs marges. Publication de l'Institut de Statistique de l'Université de Paris, (8): 229-231.

Stephane H. 2009. Strategies to adapt to an uncertain climate change. Global Environment Change, 19 (2): 240-247.

Tiedemann H. 1992. Earthquakes and Volcanicn Eruptions: A Handbook on Risk Assessment. Geneva, Switzerland: Swiss Reinsurance Compan.

UN ISDR. 2004. Living with Risk: A Global Review of Disaster Reduction Initiatives (2004 version). New York, Geneva, UN.

United Nations. 2010. International Strategy for Disaster Reduction. http://www.unisdr.org/disaster-statistics/occurrence-trends-century.htm [2010-01-21].

United Nations. 2008. World Economic and Social Survey 2008: Overcoming Economic Insecurity. New York: United Nations.

Wang S G, Wang J Y, Zhou Z J, et al. 2005. Regional characteristics of three kinds of dust storm events in China. Atmospheric Environment, 39: 509-520.

Westgate K N, O'Keefe P O. 1976. The human and social Implications of Earthquake Risk for Developing Countries: Towards an integrated mitigation strategy. Paris: Intergovernmental Conference on the Assessment and Mitigation of Earthquake Risk UNESCO.

Wong G, Lambert M F, Leonard M, et al. 2010. Drought analysis using trivariate copulas conditional on climatic states. Journal of Hydrological Engineering, 15 (2): 129-141.

Yue S. 1999. Applying bivariate normal distribution to flood frequency analysis. Water International, 24 (3): 248-254.

Yue S. 2002. The bivariate lognormal distribution for describing joint statistical properties of a multivariate storm event. Environmetrics, 13: 811-819.

Yue S, Ouarda T, Bob'ee B, et al. 1999. The Gumbel mixed model for flood frequency analysis. Journal of Hydrology, 226: 88-100.

Yue S, Ouarda T, Bob'ee B. 2001. A review of bivariate gamma distributions for hydrological application. Journal of Hydrology, 246 (1-4): 1-18.

Zhang L. 2005. Multivariate Hydrological Frequency Analysis and Risk Mapping. PhD thesis, Department of Agricultural and Mechanical College, Louisiana State University, USA.

Zhang L, Singh V P. 2007. Bivariate rainfall frequency distributions using Archimedean copulas. Journal of Hydrology, 332: 93-109.